边做边学
深度强化学习

PyTorch程序设计实践

[日] 小川雄太郎（Yutaro Ogawa） 著
株式会社电通国际信息服务

申富饶 于僡 译

U0178431

机械工业出版社
China Machine Press

图书在版编目（CIP）数据

边做边学深度强化学习：PyTorch 程序设计实践 /（日）小川雄太郎著；申富饶，于僡译 . —北京：机械工业出版社，2020.4（2023.1 重印）
（轻松上手 IT 技术日文译丛）

ISBN 978-7-111-65014-0

I. 边… II. ① 小… ② 申… ③ 于… III. 机器学习 IV. TP181

中国版本图书馆 CIP 数据核字（2020）第 041991 号

北京市版权局著作权合同登记 图字： 01-2019-7264 号。

Tsukurinagara Manabu! Shinso Kyoka Gakushu PyTorch niyoru Jissen Programming
Copyright © 2018 Yutaro Ogawa
Chinese translation rights in simplified characters arranged with Mynavi Publishing
Corporation
through Japan UNI Agency, Inc., Tokyo.

边做边学深度强化学习：PyTorch 程序设计实践

出版发行：机械工业出版社（北京市西城区百万庄大街 22 号 邮政编码：100037）

责任编辑：唐晓琳　　　　　　　　　　　　　责任校对：李秋荣

印　　刷：北京建宏印刷有限公司　　　　　版　　次：2023 年 1 月第 1 版第 3 次印刷

开　　本：170mm×230mm　1/16　　　　　印　　张：14.25

书　　号：ISBN 978-7-111-65014-0　　　　定　　价：69.00 元

客服电话：（010）88361066　68326294

译者序

　　强化学习，特别是深度强化学习，作为时下最热门的人工智能技术之一，掀起了一轮技术热潮，从棋类到电子游戏再到无人驾驶，深度强化学习都有巨大的应用价值，可以说，时下几乎所有人工智能技术的研究者或使用者都听说过"深度强化学习"。然而，深度强化学习往往具有较高的学习门槛，国内现有的许多书籍侧重于介绍深度强化学习的理论，对读者在概率论、线性代数、计算机科学等方面有较高的要求。

　　本书最大的特点在于讲解深度强化学习算法时尽可能地做到化繁为简，书中没有复杂的符号逻辑，也没有大篇幅的公式推导，旨在让读者快速上手，使用深度强化学习方法解决问题。本书不是机械地介绍深度强化学习领域中的知名论文、公式，而是以代码为主导进行讲解，同时辅以详尽的注释、图解及代码运行结果，力求读者在看懂代码的基础上深入理解算法，在理解算法后能够熟练使用。

　　如果你对深度学习、强化学习了解不多，那么这本书将很好地帮助你入门。本书从最简单的走迷宫问题出发，介绍强化学习的概念、术语、目的，用Python实现简单的强化学习方法；接着通过倒立摆任务由浅及深地从基本的强化学习方法走向深度强化学习方法，不知不觉中，读者就掌握了DQN（一篇轰动一时的Nature论文提出的算法），以及在DQN后提出的一些其他优秀方法；最后在电子游戏"消砖块"中，本书带领读者在云平台中进行全面的实践。正所谓实践出真知，读者在阅读本书时一定要勤于动手，这就好比学习再多的烹饪理论也不一定能做出美味的菜肴，但亲自下厨房做一道菜就一定能品尝出饭菜中的酸甜苦辣。希望读者能从本书中有所收获！

本书翻译过程中得到了王绪冬、高可攀的大力协助，特别感谢他们在翻译和校对过程中付出的努力。此外，也特别感谢机械工业出版社的王颖、唐晓琳编辑等在本书翻译和出版过程中提供的帮助和辛劳。

申富饶，于僡
2020.3.7

前　言

本书的目标

近年来，我们常常听到强化学习和深度强化学习等词语。但是，实际上真正实现强化学习的并不多。目前正处于第三次人工智能热潮中，深度学习方面已经出版了大量书籍。然而，大多数关于强化学习和深度强化学习的书籍都是相关研究人员的学术成果。学术性书籍强调理论，倾向于公式和证明，实现代码往往很少。对于非研究人员来说，通过阅读这类书籍来理解强化学习和深度强化学习存在着较大的障碍。

因此，本书面向的不是研究者而是普通大众，旨在让读者在实践中理解强化学习和深度强化学习。本书强调算法的具体实现，通过给出大量代码并对其进行解释和说明，来帮助读者更好地学习。书中所有的代码都可以下载。在阅读本书时请实现相关程序，通过完成实际代码来学习。

强化学习和深度强化学习主要用于两个目的——机器人等控制规则的构建以及围棋、将棋$^{\ominus}$等对战游戏的策略构建。本书涉及控制规则的构建，但没有实现围棋等对战游戏。然而，本书所讲述的基本内容对那些想要为对战游戏制定策略的人也是有用的。

$\ominus$　日本流行的一种棋类游戏。——译者注

读者所需的先验知识

本书以对强化学习和深度强化学习感兴趣，但不了解其细节和实现方法的读者为对象。阅读本书需要以下三方面的知识：

1）能够理解 if 语句、for 语句。
2）能够自己定义方法（函数）。
3）会执行向量和矩阵的乘法运算。

换句话说，本书试图以更容易理解的方式进行讲解，读者具备一些基本的编程经验和基本的线性代数知识即可顺利学习。本书使用 Python 作为编程语言来实现相关程序，即使对 Python 不熟悉的读者也能轻松理解本书内容。但是，由于篇幅的限制，本书没有解释 Python 的所有基本细节，如果你是 Python 初学者，请参考网上的信息和 Python 的入门书籍。

本书的实现代码和运行环境

可以从作者的 GitHub 或 Mynavi 出版社的出版支持页面下载本书的实现代码。

URL: https://github.com/YutaroOgawa/Deep-Reinforcement-Learning-Book
URL: https://book.mynavi.jp/supportsite/detail/9784839965624.html

本书的运行环境如下所示。我们使用 PyTorch 作为深度学习的框架，采用的是在 2018 年 4 月底发布的 0.4.0 版本。第 7 章使用亚马逊的云服务，通过 GPU 服务器来进行计算。计算所需时间大约 3 小时，费用为 500 日元或更少，所以尝试运行所需的费用并不高[⊖]。

• 运行环境——第 1 ~ 6 章（本地 PC）
   操作系统：Windows 10

⊖ 有条件的可以搭建自己的运行环境，或使用国内各公司提供的云服务。——译者注

GPU：无；Python：3.6.5；Anaconda：5.1；PyTorch：0.4.0

- 运行环境——第 7 章（AWS）

  操作系统：Ubuntu 16.04 | 64 位；实例：p2.xlarge

  GPU：NVIDIA K80；Python：3.6.5；conda：4.5.2；PyTorch：0.4.0

各章概述

第 1 章介绍三部分内容。首先，分别介绍机器学习及其三个分类（监督学习、非监督学习和强化学习）。然后，介绍强化学习近年来引起人们关注的原因，以及强化学习发展的历史。最后，介绍学者在强化学习和深度强化学习领域正在做什么样的工作，以及它在未来如何对社会产生价值。

第 2 章逐步介绍强化学习的算法和实现方法，一步步实现简单的强化学习代码，采用走迷宫作为目标任务，通过强化学习训练使智能体以最短的路线到达目的地。该章在学习强化学习的概念和术语的同时，实现了三种不同的算法——策略梯度法、Sarsa 和 Q 学习。实现环境可以为 Web 浏览器上的 Try Jupyter，这是一项能实现和执行 Python 的服务。

第 3 章的目的是将第 2 章中介绍的强化学习的基础知识应用于更复杂的任务。该章使用倒立摆作为目标任务，倒立摆形似在手掌上立起的扫帚，放一根棍子使其站在小车上，要求一点一点地移动小车以防止小棍掉落，这一控制规则是通过强化学习技术来学习并实现的。与走迷宫任务的不同之处在于状态空间的复杂性。倒立摆的状态由诸如位置和速度等多个连续变量表示，我们将在通过实现强化学习来执行此复杂任务时进行解释。该章还介绍如何使用 Anaconda 设置本地 PC 作为示例的实现环境。

第 4 章的目的是帮助读者了解深度学习的内容以及如何使用 PyTorch 实现简单任务。PyTorch 是一个深度学习库，TensorFlow、Keras、Chainer 等也是用于实现深度学习的有名的库，但在本书中我们使用 PyTorch。首先，我们将介绍神经网络和深度学习的发展历史。然后，介绍实现深度学习时重要的学习阶段和推理阶段，解释各阶段的目的和要完成的任务。最后，通过使用 PyTorch 实现对 MNIST 手写数字的分类向读者解释深度学习。

第 5 章的目的是理解强化学习与深度学习相结合的深度强化学习的原理，并能够实现一种称为 DQN（深度 Q 网络）的算法。该章首先解释第 3 章中实现的传统强化学习的问题。之后，介绍深度强化学习的最基本算法 DQN，并介绍在实现过程中重要的四个关键点。最后，采用 DQN 来完成与第 3 章中相同的倒立摆任务，并进行说明。

第 6 章的目的是解释继 DQN 之后提出的新的深度强化学习技术，并在此基础上给出其具体实现。该章首先将深度强化学习的进展以算法图的形式展示。然后，对于倒立摆任务，用 DDQN、Dueling Network、优先经验回放和 A2C 等算法实现并说明，其中 A2C 是 A3C（Asynchronous Advantage Actor-Critic）的变体。

第 7 章的目的是实现用于消砖块游戏的深度强化学习 A2C。DeepMind 公司是深度强化学习领域引人注目的公司，该章采用的 A2C 再现了 DeepMind 公司进行消砖块游戏的策略。该章将解释如何使用亚马逊的云服务 AWS 与 GPU 构建深度学习的执行环境。

致谢

本书在撰写过程中得到株式会社电通国际信息有限公司技术本部开发技术部中村年宏部长、涉谷谦吾、三澜谷嗣、佐佐木亮辅、清水琢也先生，以及开发技术部的各位同仁的支持，通过技术讨论，作者获得了很多指导。

本书由 Mynavi 出版社出版，正是由于山口正树的提案及大量建议和反馈，本书才得以出版。

感谢所有合作的人。

CONTENTS

目　　录

第 1 章

强化学习概述

1.1 机器学习的分类（监督学习、非监督学习、强化学习）

1.1.1 术语整理

本节概述机器学习及其三个分类（监督学习、非监督学习和强化学习）。首先，与机器学习相关的术语有人工智能（Artificial Intelligence，AI）、机器学习（Machine Learning，ML）、强化学习、深度学习等，这里对这些术语进行简单的整理。

在日语中，AI 意味着人工智能，其定义因研究人员而异[1]。从广义上讲，它指"像人类一样具有智能的系统和配备这种系统的机器人"。实现 AI 的方法之一是机器学习。

机器学习可以简单地描述为"向系统提供数据（称为训练数据或学习数据）并通过数据自动确定系统的参数（变量值）"。相反，基于规则的系统是非机器学习系统的一个例子。在基于规则的系统中，由人类来清楚地定义分支条件的参数，例如实现代码中所存在的 if 语句等。另一方面，机器学习自动根据训练数据确定代码中的参数，以使系统运行良好。之所以称为机器学习，正是因为系统能根据训练数据计算和确定系统运行所需的参数。

强化学习是机器学习中的一种。机器学习可分为三大类：监督学习、非监督学习和强化学习。我们稍后会讨论这三个分类，这里只需要认识到强化学习是机器学习的一部分即可。

接下来，我们将介绍深度学习。深度学习是实现机器学习的算法之一。机器学习的算法包括逻辑回归、支持向量机（Support Vector Machine，SVM）、决策树、随机森林和神经网络等 [2]。深度学习是神经网络中的一种，第 4 章将详细介绍。

最后，我们将讨论深度强化学习。深度强化学习是强化学习和深度学习的结合，第 5 章将详细说明。

1.1.2 监督学习、非监督学习、强化学习

这里对三种机器学习（监督学习、非监督学习和强化学习）分别进行介绍。

首先说明监督学习。例如，"对邮政编码中的手写数字进行分类"是一种监督学习。邮政编码分类系统将每个数字的手写图像分类为 0 ~ 9 中的一个。诸如 0 到 9 的数据的分类目标被称为标签或类。在本书中，我们将其称为标签。这种系统被称为监督学习，因为给事先提供的训练数据预先标记出了正确的标签。换句话说，带标签的训练数据成了系统的教师[⊖]。

监督学习包括学习阶段和推理阶段。我们将以图为例来解释手写数字的分

⊖ 从原文直译为"有教师学习"，本书中采用了中文的标准译法"监督学习"，但译者个人认为有教师学习更为形象。——译者注

类（见图 1.1）。在学习阶段，准备许多 0 到 9 的手写数字图像数据，这些数据
作为训练数据。训练数据有一个标签（0 到 9 中的某个数值），根据标签可以找
到关于手写数字图像的正确答案信息，例如"此手写数字图像为 1"。在学习
阶段，当将手写数字图像输入系统时，调整（学习）系统的参数以尽量将输入
图像分类为正确的标签。在应用阶段，将无标签的未知手写数字图像数据输入
系统，图像被分类为 0 到 9 中的某一个输出标签并给出结果。如果已经学习到
正确的结果，当输入未知的手写数字图像时，系统将输出正确的数值标签。除
了手写数字的分类之外，还可使用监督学习来对图像、声音和文本数据进行分
类。此外，除了上面例子中提到的分类任务，监督学习也用于回归等任务 [2]。

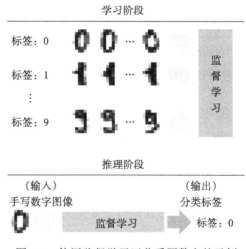

图 1.1　使用监督学习区分手写数字的示例

接下来，介绍非监督学习。用一个词表达非监督学习就是"分组"。它将
大量数据中类似的数据分为一组（称为聚类）。例如，"根据购买数据对客户进
行分组的系统"是非监督学习。根据购买历史记录的特征对客户进行分组，可
以为每个组实施不同的销售策略。

我们使用图来说明购买数据分析的例子（见图 1.2）。假设存储了每个客户

过去一年的购买数量和每次平均消费金额的数据，并对此数据进行分析。根据这些数据，客户可以分为两组。A 组（左上角）是以较低频次购买高价商品的组，B 组（右下角）是多次重复但每次消费金额较低的组。使用非监督学习进行分组将有助于了解每个客户所属的组，并针对每个组实施最佳销售策略（尽管部分业务还需要更详细的分析）。除了本例中提到的分组（聚类）以外，非监督学习也用于降维和推荐系统[2]。

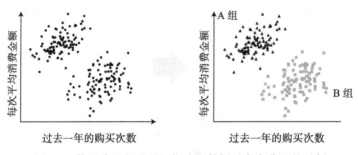

图 1.2　使用非监督学习根据购买数据对客户分组的示例

　　最后，我们讨论强化学习，这是本书的主题。强化学习是一种主要用于"时变系统控制规则构建"和"对战博弈策略构建"的方法。例如，强化学习用于机器人的步行控制和围棋对战程序（见图 1.3）。在我们熟悉的例子中，可能更容易想象一个孩子学会骑自行车的情形。当一个孩子学习骑自行车时，并没有人去教其诸如牛顿力学等力学法则以及如何骑车的详细方法，也不必通过观看视频来学习骑自行车。事实上，自己尝试骑自行车，在多次失败的过程中找到一种骑自行车的方法。强化学习正如学骑自行车的例子，它是一种学习方法，它在不知道控制对象的物理定律的情况下重复试错，以学习到所希望的控制方法。

　　强化学习中没有带标签的数据作为训练数据，但这并不意味着根本没有监督信息。系统根据强化学习程序运行，在获得所需结果时给出称为奖励的信号。例如，在机器人的步行控制中，可以走的距离就是奖励。在围棋的比赛程序中，赢或输的结果就是奖励。失败时的奖励是负值，也称为惩罚。

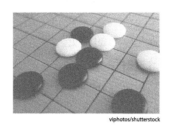

kirill_makarov/shutterstock

viphotos/shutterstock

图 1.3   强化学习示例（机器人步行控制和围棋比赛系统）

　　如果想通过监督学习来学习机器人的步行控制，就需要尽可能多的"如果腿的关节处于这个角度并且速度是某值，那么就像这样转动电动机 A"这样的模式，并预先给出其正确的做法。然而，当机器人行走时，对于每个时刻变化的状态，很难预先给出控制该电动机的正确做法。

　　另一方面，在强化学习中，将行走距离作为奖励提供给步行控制系统，并且重复试验多次。这样一来，强化学习系统会根据重复试验和获得的奖励自行改变控制规则，以"如果之前的试验中所做改变使我可以走得更远，则这种改变是正确的"为基础。因此，可以在不教导机器人如何行走的情况下让机器人能渐渐行走更长的距离。即使在像围棋这样的对战游戏的策略构建中，也无须在每个阶段将强者视为教师数据来进行教导，仅通过将成功或失败作为奖励来重复试验即可。这样做，强化学习系统会一点一点地改变游戏方式并变得更强。学到的围棋或将棋系统比设计者本人更强大，这一点通过强化学习可以很容易实现。只听这个解释，强化学习就像魔术，但在实践中却存在着种种困难。强化学习的困难将在下一节中详细讨论。

　　强化学习主要适用于"时变系统控制规则构建"和"对战博弈策略构建"，本书以前者"系统控制"为目标任务，通过编写相关程序来学习强化学习。

1.2　强化学习、深度强化学习的历史

本节介绍强化学习的历史。笔者认为最近强化学习引人注目的背后有两个原因：强化学习类似于大脑的学习机制；与深度学习的兼容性。强化学习与深度学习相结合的深度强化学习解决了迄今为止所遇到的一系列困难任务。在回顾强化学习的发展历史时，将对这两点加以说明。

1.2.1　强化学习和大脑学习

强化学习的名称来自于操作性学习（操作性条件反射），这是由 Skinner 博士提出的大脑学习机制 [4]。Skinner 博士的操作性学习是在被称为"Skinner 盒"的大白鼠等动物实验中提出的理论。下面介绍使用 Skinner 盒进行实验的最简单的示例（见图 1.4）。当老鼠按下盒子里的按钮（饲养量规）时，饲料（奖励）就会出现。老鼠在开始时意外触摸了按钮，然后食物出来了，但老鼠无法理解按钮和食物之间的关系。然而，在"重复偶然触摸按钮出现食物"的体验过程中，老鼠学习到了按钮和食物（奖励）之间的关系，并重复按下按钮的动作。换句话说，我们得到了这样的实验结果，给予特定动作（按下按钮）的奖励（食物）时该动作被加强（重复）。关于这个动作的学习机制被称为操作性学习（强化）。强化学习是这一操作性学习的强化，具有和操作性学习相似的学习方法，因此这一算法被称为强化学习。

Skinner 博士的理论来自行为实验。在 20 世纪 90 年代后期，Schultz 博士等人观察到，在脑科学实验中，在神经元（神经细胞）层面也观察到其通过操作性学习而加强 [6]。Schultz 博士等人将电极放入猴子的大脑并进行行为实验，同时记录神经元的活动（潜在的变化）。其结果表明，在操作性学习（强化）之前和之后，大脑中黑质和腹侧被盖区域（脑干）中存在的释放多巴胺的神经元的活动时间发生了变化。此外，研究表明，改变的方式类似于强化学习算法的

结果。该实验表明,强化学习算法类似于神经元层面的大脑学习机制。

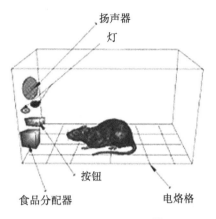

图 1.4　Skinner 盒 [5]

为了实现 AI(人工智能),不可避免地要参考大脑这一智能系统的代表,"强化学习与大脑学习复杂任务的机制相同"这一描述使得人们对于强化学习的期望上升。这在 20 世纪 90 年代末和 21 世纪初掀起了强化学习的热潮。然而遗憾的是,在这个时间段并未实现预期的结果,并且在 21 世纪初的后期,通过强化学习创建智能系统的尝试的热度呈下降趋势(见图 1.5)。

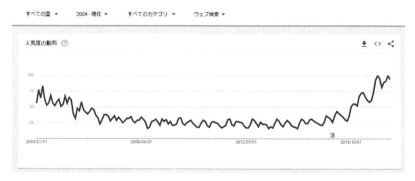

图 1.5　在 Google Trend 中搜索"强化学习"的流行度变化(2004 年至 2018 年 5 月)[7]

强化学习在 21 世纪初的后期热度下降的原因是没有好的方法来进行状态的缩减表示。下面我们详细解释"状态的缩减表示"这一难以理解的词语。

例如，对于步行机器人而言，状态意味着关于"每条腿的关节的角度和速度"的信息。对于围棋或将棋而言，其是"在棋盘上哪个位置（另外，在将棋中还包括所持有的棋子是什么）"的信息。换句话说，在某个时刻再现控制目标所需的信息被称为状态，并表示为 $s(t)$。

接下来介绍缩减表示。强化学习涉及将状态 $s(t)$ 输入系统并输出要采取的下一个动作 $a(t)$。此时，枚举状态的所有可能模式并根据每种模式学习所有种类动作的方法称为表格表示（tabular representation）。在表格表示中，创建一个（状态模式数 × 动作类型数）的表。如果强化学习的目标任务很简单且状态数和动作类型很少，则表格表示是实用的。然而，在机器人步行、围棋或将棋等情形下，状态模式的数量巨大且难以用表格形式表示，此时需要考虑减少状态模式。换句话说，此时不直接使用状态 $s(t)$，而从状态 $s(t)$ 中提取重要的信息。这种提取操作被称为"对状态进行缩减（压缩）后表示出来"。例如，如图 1.6 所示，不表示将棋棋盘上的所有信息，而是"只关注王、飞车、金之间的位置关系"等（这里只是举一个简单的例子，与实际的将棋 AI 不同）。然而，在一个真正复杂的现实任务中，却不清楚如何更好地提取状态的信息。因此，如何找到"状态的缩减表示的好方法"是一个问题。

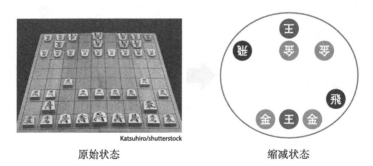

原始状态   缩减状态

图 1.6   状态信息的缩减表示示例（这是一个简单的示例，与实际的将棋 AI 不同）

1.2.2   强化学习和深度学习的结合

使得强化学习引人注目的第二个原因是，深度学习的出现使得缩减表示方法未知的问题得到了解决。深度学习是由 Hinton 博士等人在 2006 年的一篇论文中提出的一种神经网络[8]。Hinton 等人随后建立了一个实现深度学习的图像识别系统，并在 2012 年图像识别竞赛 "ILSVRC（ImageNet 大规模视觉识别挑战）" 中取得了佳绩，与以前的方法相比，该系统在识别准确度上有重大的改进。这一成果引起了人们对深度学习的广泛关注。

传统的神经网络主要由三层（输入层、中间层、输出层）表示，深度学习增加（深化）了传统神经网络的中间层。深度学习提取的特征能够很好地缩减表示复杂的输入信息（例如图像数据），这一特点使得深度学习也被称为表示学习。因此，可以尝试利用深度学习缩减表示的能力，来缩减强化学习的状态 $s(t)$。第 4 章将详细介绍神经网络和深度学习。

这种将强化学习与深度学习相结合的方法被称为深度强化学习。深度强化学习一般是指一种称为 DQN（Deep Q Network，深度 Q 网络）的算法[9]，并且因其在消砖块游戏上的策略的成功而闻名[10]（见图 1.7）。

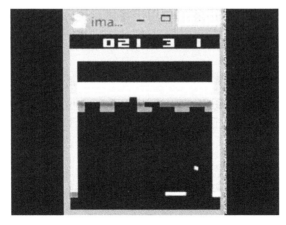

图 1.7   深度强化学习中的消砖块策略[11]

如图 1.7 所示，强化学习是通过消去砖块并给予正的奖励这样的规则来学习的。随着学习的进行，画面中的砖块会消去，强化学习程序能够学习到人类玩家高超的行为，如将球传递到砖块的里侧一次性消去多个砖块。"如果将强化学习和深度学习结合起来，能够实现如此复杂的任务！"这对世界产生了很大的影响，引发了对深度强化学习的广泛关注。

除了消砖块之外，深度强化学习引起更为广泛关注的原因是 AlphaGo 的出现 [12]。AlphaGo 是由谷歌收购的 DeepMind 公司开发的。2015 年 10 月，它战胜了欧洲围棋冠军樊麾，于 2016 年 3 月战胜了世界冠军之一李世石。在 2017 年 5 月，AlphaGo 战胜了当时的世界冠军柯洁，这表明 AlphaGo 事实上成了真正超越人类的围棋程序。

AlphaGo 是一个"监督学习系统"，使用了很少的棋谱数据进行学习；并且，AlphaGo 也是一个"深度强化学习系统"，在同样的监督学习系统之间进行对战从而使其技能进化。AlphaGo 采用这种方法来决定下一步的下法。2017 年 10 月，AlphaGo 进一步演变为 AlphaGo Zero[13]。AlphaGo Zero 不使用任何人类棋谱数据来做监督学习，仅通过深度强化学习来学习围棋策略。据报道，AlphaGo Zero 在对阵 AlphaGo 时，取得了全胜的战绩。此外，不仅仅对于围棋，还可以将 AlphaGo Zero 算法应用于将棋和国际象棋 [14]，这类方法称为 Alpha 元（AlphaZero）。

如上所述，由于强化学习类似于大脑的学习机制，近年来结合深度学习和强化学习可以完成非常困难的任务，因此强化学习和深度强化学习得到了非常广泛的关注。

1.3　深度强化学习的应用实例

1.3.1　深度强化学习的应用实例

强化学习的研究和应用的热点正在转向"不完全信息博弈的策略"和"现实空间中智能系统的构建"。

先介绍不完全信息博弈。将棋和围棋被称为完全信息博弈，玩家互相了解游戏状态的所有信息。另一方面，大富翁、扑克和麻将等游戏被称为不完全信息游戏，这是因为不同的玩家所知道的信息是不同的，或者说牌中有些信息是所有人都不知道的。尽管如此，似乎人工智能在这种不完全信息游戏中超越人类也只是时间问题。

在现实空间中构建智能系统方面，已经发表了诸如自动控制技术和空调系统高效控制等方法。在这一领域，日本的 Preferred Networks 公司公开发表了一段使用深度强化学习方法来进行自动驾驶的视频 [15]（见图 1.8）。

图 1.8　通过分布式深度强化学习自动控制机器人 [15]

此外，开发 AlphaGo 的 Google DeepMind 首席执行官 Demis Hassabis 博士宣布，使用强化学习改善了放置 Google 服务器的数据中心的冷却效率，成功降低了功耗 [16]。展望未来，Google DeepMind 将使用强化学习开发虚拟个人助理，并将强化学习引入英国的智能电网系统中 [17]。

其他方面，最近的文献 [18] 发表了如何使用深度强化学习来抑制建筑物的震动。这种技术通过主动移动安装在每层楼中的隔震和阻尼减震器，来减少地震引起的高层建筑中长周期的震动的发生。在这种情况下，可尝试通过深度强化学习来学习如何移动阻尼器。

1.3.2　深度强化学习的未来前景

强化学习、深度强化学习正将其应用范围从 PC 上的游戏策略扩展到现实社会的应用中。作者认为："深度强化学习将成为日本企业改变世界的原动力。"

DeepMind 提出的通过强化学习改进数据中心冷却效率的方法细节尚未阐明。但大体上，不外乎通过在数据中心内外安装许多传感器来实现空间优化和时间优化，利用深度强化学习来实现空调（冷却装置）的控制。

空间优化是指：当大型数据中心内的部分服务器的温度上升时，控制哪些空调及这些空调朝什么方向吹风可以最有效地仅仅冷却该服务器周边。时间优化是指：由来自网络的状况以及来自数据中心周围所配置的温度和湿度传感器的信息，来预测一定时间后服务器的运行效率以及数据中心周围的气温，从而在时间上进行优化而避免不必要的冷却。

换句话说，如果可以确定"服务器的运行速率将降低，外部空气温度将降低，整个数据中心的室温也将降低，因此该服务器的温度将自然降低，现在也无须急着冷却"，就可以降低功耗。对于如 Google 数据中心这样的大型设施，人类很难通过制定最优的规则来进行这种控制。通过使用深度强化学习，当功耗低且系统得到冷却时给出正奖励，而当功耗高或不能正常冷却时给出负奖励，从而构建控制方法。

当今的时代被称为工业 4.0 或 Society 5.0 时代。将来如果引入作为新通信标准的 5G 通信，将实现多设备同时连接和超低延迟通信，并且物联网（Internet of Things，IoT）将得到快速发展。这样一来，可以在现实空间中放置大量的传感器来获取大量信息。如果可以从真实空间中获得大量信息，则可以进行更详细和有效的控制。例如，如果可以从城市中的传感器上获得人员和汽车的位置并有效地控制交通信号，则可以实现智能交通。还可以通过附着在身体上的传感器观察生物信息、视觉信息、会话信息等，提供休息或工作建议，以最大程度地提高工作效率。

但是，如果传感器的数量巨大则输入信息量将变得很大，那么像"如果此传感器的值大于某值就做该动作"这样的基于规则的控制将非常困难。因此，需要将巨大的输入信息缩减到控制所需的信息。通过从奖励信号中自我学习来构建控制规则，这正是深度强化学习能够做到的。

通过深度强化学习，可以将现实空间和网络空间整合在一起，构建一个能更智能地控制现实空间系统的社会（Society 5.0）。现实空间系统和设备控制是日本公司擅长的领域，因此，笔者认为，"深度强化学习 × 现实空间系统控制"是日本公司未来可以发挥积极作用的领域，深度强化学习对日本社会的未来将变得越来越重要。

如上所述，本章概述了机器学习及其三个分类，介绍了强化学习引人注目的理由，由应用案例和未来发展引出了作者的一些思考。下一章通过创建部分程序来介绍强化学习。

参考文献

[1] 人工知能は人間を超えるか ディープラーニングの先にあるもの (著)松尾 豊 KADOKAWA

[2] [第2版] Python 機械学習プログラミング 達人データサイエンティストによる理論と実践 (著) Sebastian Raschka ら インプレス

[3] MNIST の画像データ
http://yann.lecun.com/exdb/mnist/

[4] Skinner, Burrhus Frederic. The behavior of organisms: An experimental analysis. BF Skinner Foundation, 1990.

[5] wikipedia スキナー箱 https://ja.wikipedia.org/wiki/%E3%82%B9%E3%82%AD%E3%8 3%8A%E3%83%BC%E7%AE%B1#/media/File:Boite_skinner.jpg

[6] Schultz, Wolfram. "Predictive reward signal of dopamine neurons." Journal of neuro physiology 80.1 (1998) : 1-27.

[7] Google Trend における強化学習の推移 https://trends.google.com/trends/explore?da te=all&q=%22reinforcement%20learning%22

[8] Hinton, Geoffrey E., and Ruslan R. Salakhutdinov. "Reducing the dimensionality of data with neural networks." science 313.5786 (2006) : 504-507.

[9] Mnih, Volodymyr, et al. "Human-level control through deep reinforcement learning." Nature 518.7540 (2015) : 529-533.

[10] ブロック崩しゲームである Atari の Breakout
https://gym.openai.com/envs/Breakout-v0/

[11] 深層強化学習によるブロック崩しの攻略
http://www.youtube.com/watch?v=V1eYniJ0Rnk

[12] Silver, David, et al. "Mastering the game of Go with deep neural networks and tree search." Nature 529.7587 (2016) : 484-489.

[13] Silver, David, et al. "Mastering the game of go without human knowledge." Nature 550.7676 (2017) : 354-359.

[14] Alpha Zero
https://arxiv.org/pdf/1712.01815.pdf

[15] 自動運転の研究動画
https://research.preferred.jp/2015/06/distributed-deep-reinforcement-learning/

[16] Google データセンタの冷却効率を、強化学習を用いて改善 https://www.technology review.jp/s/3679/the-ai-that-cut-googles-energy-bill-could-soon-help-you/

[17] DeepMind が今後強化学習で取り組むことを発表
https://www.ft.com/content/ 27c8aea0-06a9-11e7-97d1-5e720a26771b

[18] 深層強化学習で超高層ビルの地震に備える
https://inforium.nttdata.com/foresight/ai-vibration-control.html
[19] 内閣府 Society 5.0
http://www8.cao.go.jp/cstp/society5_0/index.html

第 2 章

在走迷宫任务中实现强化学习

2.1 Try Jupyter 的使用方法

2.1.1 强化学习的实现和执行环境

在本章中，我们将介绍强化学习的基本方法，并在逐步实现代码的同时进行解读。使用走迷宫作为强化学习的目标任务，让智能体学会在迷宫中以最短的路线前往目标。

本书使用 Python 编程语言实现强化学习。使用 Python 有两个主要原因。一个原因是机器学习和深度学习所需的包（由他人创建的类和方法库）比其他语言更完整。第二个原因是世界上许多人在 Python 中实现强化学习和深度强化学习，因此很容易在 Web 上找到有用的代码和解释。

如前言所述，读者在理解本书的 Python 实现代码之前需要以下三方面的知识和技术。

1) 能够理解 if 语句、for 语句。

2）能够自己定义方法（函数）。

3）会执行向量和矩阵的乘法运算。

换句话说，本书尝试使具备一些基本的编程经验和基本线性代数知识的读者能够理解。但是，由于篇幅限制，很难解释 Python 语言的所有基础知识，所以请参考其他关于 Python 的入门教程 [1]。

在学习本章强化学习的基本内容时，使用了一个免费服务作为实现和执行的环境，读者可以在 Web 浏览器的 Try Jupyter[2] 上实现和执行 Python。这很方便，因为可以在 Web 浏览器上编写 Python 程序而无须安装它。本章的内容也可以使用 Google Colaboratory [3] 完成，这是一个类似于 Try Jupyter 的免费网络服务。

Try Jupyter 是用于编写 Python 程序的免费服务 Jupyter Notebook 的官方云版本。Jupyter Notebook 也是一项免费服务，读者可以交互式地用 Python 或 R 等语言编写代码。交互式意味着编写的代码可以逐块（单元格）执行并按顺序编码。最初 Jupyter Notebook 是一种名为 IPython（交互式 Python）的服务，但除了 Python 之外，Jupyter Notebook 已扩展了对 R 等语言的支持。

在学习 Python 或强化学习时，通常在自己的 PC 上安装 Python 环境，或使用 Anaconda 的 Python 和机器学习相关软件包。但是，安装它们需要一些时间。在开始学习时希望能立即体验强化学习，因此在第 2 章中使用 Try Jupyter（或 Google Colaboratoy）。第 3 章将介绍如何设置自己的 Python 实现和执行环境。

2.1.2　Try Jupyter 的介绍

本节介绍如何使用 Try Jupyter。首先，访问 Try Jupyter 的网站（https://jupyter.org/try）。这将打开如图 2.1 所示的页面。

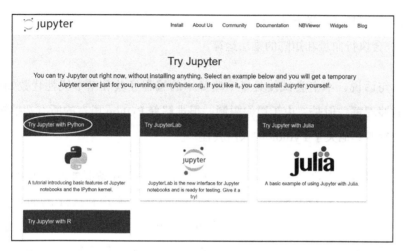

图 2.1　Try Jupyter 的首页

当单击图 2.1 中用圆圈圈起的 " Try Jupyter with Python" 时，将进入 Jupyter Notebook 的界面。

现在来创建一个新程序。单击 Jupyter Notebook 屏幕左上角的 File 按钮，从下拉菜单中依次单击 New Notebook → Python 3（见图 2.2）。

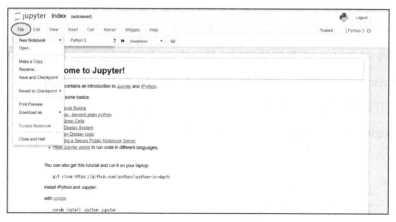

图 2.2　用 Try Jupyter 创建一个新程序

这将转换到如图 2.3 所示的编码页面。编码页面上由线条围绕的一个方形区域称为单元格（cell），这是用于执行程序的单元。

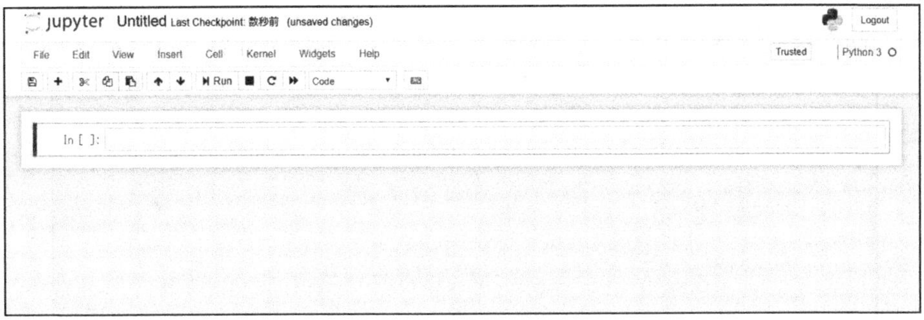

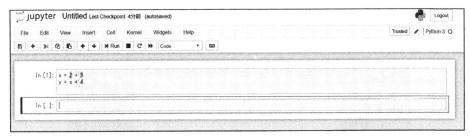

图 2.3　Jupyter Notebook 创建新程序的页面

然后在顶部单元格中输入以下代码。

```
x = 2 + 3
y = x * 4
```

完成后，按下 Alt + Enter 组合键。然后，如图 2.4 所示，执行当前单元格并在底部生成一个新单元格。另外，如果只想执行单元格并且不想生成下面的单元格，只须按 Shift + Enter 组合键。如果要在中间的单元格之间添加新单元格，单击上方菜单中的"Insert"（左数第四个选项），然后单击"Insert Cell Above"（在现有单元格上方添加新单元格），或者单击下面的"Insert Cell Below"（在当前单元格下方添加新单元格）。

图 2.4　在 Jupyter Notebook 中运行第一个单元格

执行第一个单元格时，值存储在 x 和 y 中。为了显示 x 和 y 值，可在第二个单元格中输入以下代码，这是在 Python 中输出文字和变量值的指令。

```
print("x的值是 {}".format(x))
print("y的值是 {}".format(y))
```

输入后，按 Alt + Enter 组合键执行，就输出了 x 和 y 的值，如图 2.5 所示。

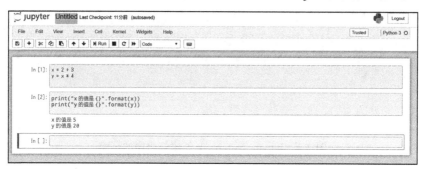

图 2.5　运行 Jupyter Notebook 的第二个单元格

接下来，说明如何保存到目前为止创建的代码并重新加载它。保存之前，请参阅图 2.6，单击屏幕顶部显示的文件名 "Untitled"，然后更改文件名。单击 "Untitled" 时，会显示一个用于更改文件名的页面，这里将文件名改为 tryJupyter_saveloadtest。之后，单击该页面右下角的 "Rename" 按钮以完成文件名的更改。

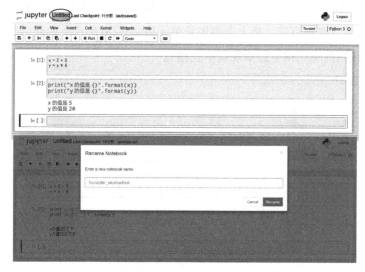

图 2.6　重命名 Jupyter Notebook 文件

　　下载此文件，从左上角的"File"菜单中选择"Download as"，然后单击"Notebook（.ipynb）"，下载并保存文件"tryJupyter_saveloadtest.ipynb"。将下载的文件放置到方便的位置（见图2.7）。

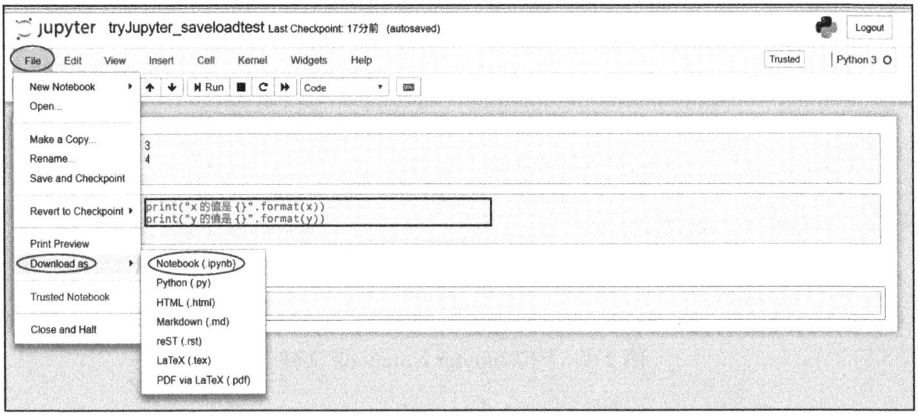

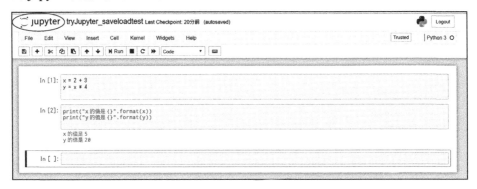

图2.7　下载并保存 Jupyter Notebook 文件

　　以下是加载所保存文件的方法。如果当前在编码页面中，单击屏幕左上角的 jupyter 图标（见图2.8）。

图2.8　切换到 Jupyter Notebook 的首页

　　单击顶部屏幕右上角的"Upload"时，将显示文件选择窗口，选择要上传的文件（见图2.9）。所选文件将显示在页面顶部，旁边将显示"Upload"按钮。单击此按钮可上传所选文件。

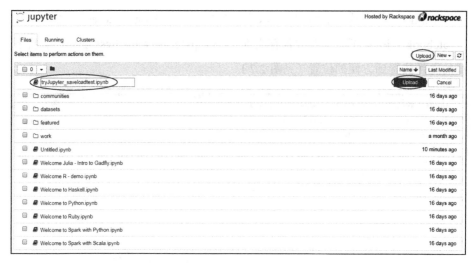

图 2.9　上传 Jupyter Notebook 文件

　　上传完成后，文件会变成可供选择的状态，如图 2.10 所示。单击文件名后，会转换到该文件的代码页面，可以再次编辑和执行。

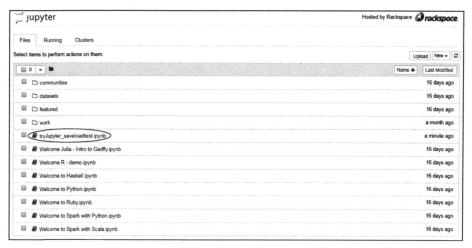

图 2.10　加载 Try Jupyter 文件

　　不用担心"如果将文件上传到云服务，其他人可以看到吗？"其他人是看不到的。浏览器将关闭此文件的上传操作。因此，如果在另一个浏览器中打开

Try Jupyter 首页，则之前上传的文件不存在。由于 Try Jupyter 无法在不上传的情况下重新编辑，因此不适合用于需要若干天才能创建的程序，但强烈建议在建立简单 Python 程序时使用 Jupyter。

Try Jupyter 的介绍到此结束。接下来将实现使用强化学习来完成迷宫任务。

2.2　迷宫和智能体的实现

2.2.1　迷宫的实现

本章中使用的迷宫任务如图 2.11 所示。它有 3×3 个正方形，墙不能通过。S0 是起点，右下角 S8 是目标。圆圈所示的智能体将向目标前进。

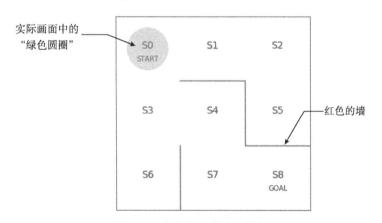

图 2.11　本章实现的迷宫任务

在本节中，我们将实现一个智能体，该智能体在迷宫中随机搜索并朝目标前进。现在在 Try Jupyter 中打开一个新文件，在第一个单元格中输入以下代码，然后使用 Alt + Enter 组合键执行单元格。

```
# 导入所使用的包
import numpy as np
import matplotlib.pyplot as plt
%matplotlib inline
```

此单元格声明要使用的包。单元格的第一行是注释语句，它解释了在这个单元格中要做什么。在行的开头添加 # 表示 Python 的注释。第二行声明使用别名为 np 的 NumPy 包，该包使数值计算更方便。第三行声明使用 Matplotlib 的 pyplot 类（即一个用 Python 绘制图的包），使用名称为 plt。第四行设置为通过 Try Jupyter 显示图形。本书的实现代码可以从本书的支持页面 [4] 免费下载。

然后在第二个单元格中输入以下内容（这段代码有点长，所以可以复制并粘贴它）。该单元格用于绘制图 2.11 中介绍的迷宫的初始状态。有关每行代码的说明，请参阅代码中的注释。为了将迷宫绘制为图片，将墙用红色直线绘制，文字用图表示，智能体的位置用绿色的圆圈表示。

```
# 迷宫的初始位置

# 声明图的大小以及图的变量名
fig = plt.figure(figsize=(5, 5))
ax = plt.gca()

# 画出红色的墙壁
plt.plot([1, 1], [0, 1], color='red', linewidth=2)
plt.plot([1, 2], [2, 2], color='red', linewidth=2)
plt.plot([2, 2], [2, 1], color='red', linewidth=2)
plt.plot([2, 3], [1, 1], color='red', linewidth=2)

# 画出表示状态的文字 S0~S8
plt.text(0.5, 2.5, 'S0', size=14, ha='center')
plt.text(1.5, 2.5, 'S1', size=14, ha='center')
plt.text(2.5, 2.5, 'S2', size=14, ha='center')
plt.text(0.5, 1.5, 'S3', size=14, ha='center')
plt.text(1.5, 1.5, 'S4', size=14, ha='center')
plt.text(2.5, 1.5, 'S5', size=14, ha='center')
plt.text(0.5, 0.5, 'S6', size=14, ha='center')
plt.text(1.5, 0.5, 'S7', size=14, ha='center')
```

```
plt.text(2.5, 0.5, 'S8', size=14, ha='center')
plt.text(0.5, 2.3, 'START', ha='center')
plt.text(2.5, 0.3, 'GOAL', ha='center')

# 设定画图的范围
ax.set_xlim(0, 3)
ax.set_ylim(0, 3)
plt.tick_params(axis='both', which='both', bottom='off', top='off',
                labelbottom='off', right='off', left='off', labelleft='off')

# 当前位置 S0 用绿色圆圈画出
line, = ax.plot([0.5], [2.5], marker="o", color='g', markersize=60)
```

当执行包含上述内容的单元格时，绘制出迷宫的初始状态，如图 2.12 所示。

图 2.12　迷宫的初始状态

2.2.2 智能体的实现

接下来，由迷宫中的绿色圆圈指示的智能体将随机移动以到达目标，我们来实现这一部分并将移动可视化。

在强化学习中，定义智能体行为方式的规则称为策略（policy）。策略用希腊字母 $\pi_\theta(s, a)$ 来表示。为了使其易于理解，这意味着"在状态 s 下采取动作 a 的概率遵循由参数 θ 确定的策略 π"。

在迷宫任务中，状态 s 指示智能体在迷宫中的位置。在本章的迷宫任务中，从 S0 到 S8 有 9 个状态。在非迷宫任务中，例如机器人运动控制中，对于机器人而言，状态是指能再现当前状态的关节角度和移动速度；对于围棋和将棋而言，状态是指棋子在棋盘上的位置和类型。

动作 a 指的是智能体可以在该状态下执行的操作。在迷宫任务中，有向上、向右、向下和向左移动这四种类型的操作，但是不能朝着红墙的方向移动。在非迷宫任务中，例如机器人运动控制中，对于机器人而言，动作意味着每个关节的马达旋转多少；对于围棋和将棋而言，动作是指下一手将哪个棋子放在哪个位置。

策略 π 可通过各种方式表达。有时可使用函数来表示策略，在第 5 章中介绍的深度强化学习使用神经网络来表示策略。本章中的迷宫任务使用"表格表示"，这是一种最简单的表达形式。在表格表示中，行表示状态 s，列表示动作 a，表的值用来表示采用该动作的概率。

如果策略 π 是函数，则参数 θ 是函数中的参数，对于神经网络而言，参数 θ 对应于神经元之间的连接参数。对于这里的表格表示，参数 θ 表示的是一个值，该值用于转换在状态 s 下采用动作 a 的概率，即"用于转换为概率的值"。为了进行深入理解，下面通过实现过程来具体说明。

现在，实现参数 θ 的初始值 θ_0。在单元格中输入以下内容并执行。用 1 表示该方向可以前进，用 np.nan 表示有墙壁而无法前进。np.nan 表示的是不包含任何内容的缺省值。表格的列分别表示对应于向上、向右、向下、向左移动的动作。

```
# 设定参数 θ 的初始值 theta_0，用于确定初始方案

# 行为状态 0~7，列用 ↑、→、↓、← 表示的移动方向
theta_0 = np.array([[np.nan, 1, 1, np.nan],   # S0
                    [np.nan, 1, np.nan, 1],   # S1
                    [np.nan, np.nan, 1, 1],   # S2
                    [1, 1, 1, np.nan],        # S3
                    [np.nan, np.nan, 1, 1],   # S4
                    [1, np.nan, np.nan, np.nan],  # S5
                    [1, np.nan, np.nan, np.nan],  # S6
                    [1, 1, np.nan, np.nan],   # S7，※S8 是目标，无策略
                    ])
```

然后，对参数 θ_0 进行转换以求得 $\pi_\theta(s, a)$。这里，采用简单的转换方法，将对应于前进方向的 θ 值转换为百分比以作为概率。将该转换定义为 simple_convert_into_pi_from_theta 函数。在单元格中输入以下内容并执行。

```
# 将策略参数 θ 转换为行动策略 π 的函数的定义

def simple_convert_into_pi_from_theta(theta):
    ''' 简单地计算百分比 '''

    [m, n] = theta.shape   # 获取 θ 的矩阵大小
    pi = np.zeros((m, n))
    for i in range(0, m):
        pi[i, :] = theta[i, :] / np.nansum(theta[i, :])   # 计算百分比

    pi = np.nan_to_num(pi)   # 将 nan 转换为 0

    return pi
```

在下一个单元格中运行定义好的转换函数 simple_convert_into_pi_from_theta，并从中找到初始策略。

```
# 求初始策略 π
pi_0 = simple_convert_into_pi_from_theta(theta_0)
```

在新单元格中仅输入 **pi_0** 并按 Alt + Enter 组合键执行单元格，将显示如图 2.13 所示的结果。对于朝向墙壁的方向，移动概率为 0，将 θ_0 转换为在其他方向上以相同的概率移动。现在我们可以实现智能体在迷宫里随机行动的策略。

```
# 初始策略用 pi_0 表示
pi_0
```

```
In [6]: pi_0
Out[6]: array([[ 0.        , 0.5       , 0.5       , 0.        ],
               [ 0.        , 0.5       , 0.        , 0.5       ],
               [ 0.        , 0.        , 0.5       , 0.5       ],
               [ 0.33333333, 0.33333333, 0.33333333, 0.        ],
               [ 0.        , 0.        , 0.5       , 0.5       ],
               [ 1.        , 0.        , 0.        , 0.        ],
               [ 1.        , 0.        , 0.        , 0.        ],
               [ 0.5       , 0.5       , 0.        , 0.        ]])
```

图 2.13　初始策略 $\pi_{\theta_0}(s, a)$

然后，让智能体根据策略 $\pi_{\theta_0}(s, a)$ 行动。定义一个称为 **get_next_s** 的函数，该函数在 1 步移动后获取智能体的状态为 s。在单元格中输入以下内容并执行。迷宫的位置由 0 到 8 的数字来定义。移动时（例如，向上移动时），当前位置值减少 3，因为图 2.11 中的状态数减少 3。

```
# 1 步移动后求得状态 s 的函数的定义


def get_next_s(pi, s):
    direction = ["up", "right", "down", "left"]

    next_direction = np.random.choice(direction, p=pi[s, :])
    # 根据概率 pi[s,:] 选择 direction

    if next_direction == "up":
        s_next = s - 3  # 向上移动时状态的数字减少 3
    elif next_direction == "right":
        s_next = s + 1  # 向右移动时状态的数字增加 1
    elif next_direction == "down":
        s_next = s + 3  # 向下移动时状态的数字增加 3
    elif next_direction == "left":
        s_next = s - 1  # 向左移动时状态的数字减少 1

    return s_next
```

最后，遵从 $\pi_{\theta_0}(s, a)$ 继续使用 **get_next_s** 移动智能体，直到智能体到达目标为止。定义一个持续移动的函数 **goal_maze**。函数 **goal_maze** 使用 **while** 语句持续移动智能体直到它到达目标，并将状态轨迹存储在列表变量 **state_history** 中。最后，返回变量 **state_history**。

```
# 迷宫内使智能体移动到目标的函数的定义


def goal_maze(pi):
    s = 0  # 开始地点
    state_history = [0]  # 记录智能体移动轨迹的列表

    while (1):  # 循环，直至到达目标
        next_s = get_next_s(pi, s)
        state_history.append(next_s)  # 在记录列表中添加下一个状态（智能体的位置）

        if next_s == 8:  # 到达目标地点则终止
            break
        else:
            s = next_s

    return state_history
```

然后执行所定义的 **goal_maze** 函数，根据策略 $\pi_{\theta_0}(s, a)$ 移动智能体，并将运动轨迹存储在 **state_history** 中。

```
# 在迷宫内朝着目标移动
state_history = goal_maze(pi_0)
```

现在，智能体的移动轨迹存储在变量 **state_history** 中。让我们检查一下在到达目标之前所走的轨迹和总步数。请输入以下内容。

```
print(state_history)
print("求解迷宫路径所需的步数是 " + str(len(state_history) - 1) )
```

这样一来，可输出到达目标的状态变化和所需步数，如图 2.14 所示。因为智能体按概率随机移动，所以每次执行的状态变化的轨迹可能不同，不一定与图 2.14 一致。

```
In [67]:  print(state_history)
          print(" 求解迷宫路径所需的步数是 " + str(len(state_history) - 1) )
```

[0, 3, 0, 3, 0, 1, 0, 3, 0, 3, 4, 3, 4, 7, 8]
求解迷宫路径所需的步数是 14

图 2.14　智能体移动历史记录

在本节的结尾部分，让我们根据状态变化的轨迹将智能体在迷宫中移动的情形用动画表示出来。请输入以下内容。

```
# 将智能体移动的情形可视化
# 参考URL http://louistiao.me/posts/notebooks/embedding-matplotlib-
  animations-in-jupyter-notebooks/
from matplotlib import animation
from IPython.display import HTML


def init():
    ''' 初始化背景图像 '''
    line.set_data([], [])
    return (line,)


def animate(i):
    ''' 每一帧的画面内容 '''
    state = state_history[i]     # 画出当前的位置
    x = (state % 3) + 0.5    # 状态的 x 坐标为状态数除以 3 的余数加 0.5
    y = 2.5 - int(state / 3)     # 状态的 y 坐标为 2.5 减去状态数除以 3 的商
    line.set_data(x, y)
    return (line,)


# 用初始化函数和绘图函数来生成动画
anim = animation.FuncAnimation(fig, animate, init_func=init, frames=len(
    state_history), interval=200, repeat=False)

HTML(anim.to_jshtml())
```

上面的代码由两部分组成。第一部分定义智能体在迷宫中移动时如何设置绿色圆圈的中心坐标，第二部分执行 Python 的绘图函数。动画的绘图部分使用了 Python 的 Matplotlib 库，因此省略说明。有关该部分的详细信息，请参阅参考文献 [5] 等。在这里，只要根据列表变量 **state_history** 的结果绘制智能体状态，并了解如何将它转换为动画就够了。执行上述代码后，将显示动画的画面，如图 2.15 所示。动画列在本书的支持网页 [4] 上。如果观看动画，会发现智能体在迷宫中徘徊，而不是直接向目标进发。这是因为它在每个状态下随机选择前进的方向。

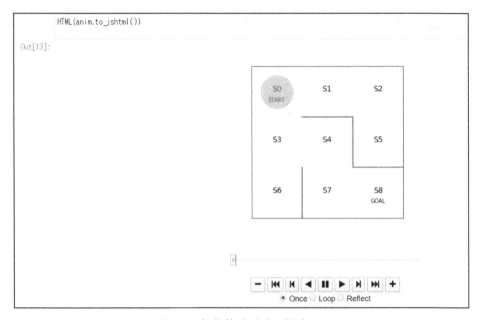

图 2.15　智能体移动动画播放画面

在本节中，我们实现了迷宫任务，介绍了作为智能体的动作规则的策略 $\pi_\theta(s, a)$ 的概念，实现了智能体遵从策略而朝向目标移动，并实现了通过动画来可视化智能体的移动轨迹的代码。在下一节中，我们将实现强化学习，以使智能体能直接朝向目标前进。

2.3　策略迭代法的实现

2.3.1　策略迭代法与价值迭代法

在本节中，我们实现一种称为策略迭代法的强化学习算法。

在上一节中，我们实现了一种策略，让智能体能在迷宫中随机行动。现在，我们考虑让智能体学习如何直接朝向目标前进。可能会想到许多方法，总的来说，主要有两种方式。

第一种方法是，在根据策略行动最终到达目标时，那种更快到达目标的策略下所执行的动作（action）是更重要的，可以对策略进行更新，以后更多地采用这一行动。换句话说，这是一项强调成功案例动作的行动方案。第二种方法是，从目标反向计算在目标的前一步、前两步的位置（状态）等，一步步引导智能体的行为。换句话说，它是一种给目标以外的位置（状态）也附加价值（优先级）的行动方案。

实际上，这两种学习方法都有名称，第一种方法称为策略迭代法，第二种方法称为价值迭代法。在本节中，我们将实现策略梯度法（policy gradient method），它是策略迭代法的一种具体算法。

我们将解释如何从策略的参数 θ 中找到策略 $\pi_\theta(s, a)$。在上一节中，我们实现了一个只将 θ 转换为百分比并求得策略函数的方法。在本节中，我们将对转换函数进行稍许的修改，在转换 θ 时使用 softmax 函数。softmax 函数是机器学习、深度学习中经常使用的函数，由以下公式描述。

$$
\begin{aligned}
P(\theta_i) &= \frac{\exp(\beta\theta_i)}{\exp(\beta\theta_1)+\exp(\beta\theta_2)+\cdots} \\
&= \frac{\exp(\beta\theta_i)}{\sum_{j=1}^{N_a}\exp(\beta\theta_j)}
\end{aligned}
$$

N_a 表示可以选择的动作类型的总数，在迷宫任务的情况下，有向上、向下、向左或向右移动这 4 种动作。有些人可能会觉得上面的表达式很难，其实上式只是先计算 θ 的指数（指数函数），然后计算其比率。和 θ 相乘的因子 β 称为反温度。反温度越小，其行为越随机。不单纯地计算比率，而是使用 softmax 函数计算指数函数再计算比率，其原因将在本节的末尾加以解释。

2.3.2　根据策略梯度法移动智能体

现在我们实现函数 softmax_convert_into_pi_from_theta，它根据 softmax 函数从参数 θ 来求得策略 $\pi_\theta(s, a)$。求 θ 第 1～3 个的代码块与前一节相同。在第 4 个代码块中输入以下内容，代码中将前一节中简单计算比率的部分改成了利用 exp 的 softmax 函数。

```
# 策略参数 theta 根据 softmax 函数转换为行动策略 π 的定义


def softmax_convert_into_pi_from_theta(theta):
    ''' 根据 softmax 函数计算比率 '''

    beta = 1.0
    [m, n] = theta.shape  # 求得 theta 的矩阵大小
    pi = np.zeros((m, n))

    exp_theta = np.exp(beta * theta)  # 将 theta 转换为 exp(theta)

    for i in range(0, m):
        # pi[i, :] = theta[i, :] / np.nansum(theta[i, :])
        # 简单地计算比率

        pi[i, :] = exp_theta[i, :] / np.nansum(exp_theta[i, :])
        # 用 softmax 计算比率

    pi = np.nan_to_num(pi)  # nan 转换为 0

    return pi
```

然后执行所定义的函数 softmax_convert_into_pi_from_theta，由 θ_0 来求得 $\pi_{\theta_0}(s, a)$。

```
# 求得初始策略 pi_0
pi_0 = softmax_convert_into_pi_from_theta(theta_0)
print(pi_0)
```

执行结果如图 2.16 所示。pi_0 的结果和前一节直接计算比率的结果是相同的。尽管在初始状态下结果相同，但是如果参数 θ 的值随着学习而变化，则函数 softmax_convert_into_pi_from_theta 的计算结果将与简单地计算比率不同。

```
In [5]:   # 求得初始策略 pi_0

          pi_0 = softmax_convert_into_pi_from_theta(theta_0)
          print(pi_0)
```

```
[[ 0.          0.5          0.5          0.         ]
 [ 0.          0.5          0.           0.5        ]
 [ 0.          0.           0.5          0.5        ]
 [ 0.33333333  0.33333333   0.33333333   0.         ]
 [ 0.          0.           0.5          0.5        ]
 [ 1.          0.           0.           0.         ]
 [ 1.          0.           0.           0.         ]
 [ 0.5         0.5          0.           0.         ]]
```

图 2.16   使用 softmax 函数得到的策略 $\pi_{\theta_0}(s, a)$

下面，根据 softmax 函数求得的策略 $\pi_\theta(s, a)$ 定义一个函数，使智能体根据该函数行动。将前面定义的求 1 步移动后的智能体状态 *s* 的函数 get_next_s 稍加改变，使其不仅获得状态，也能获得所应当采取的动作（向上、向右、向下或向左移动）。将此新函数定义为 get_action_and_next_s。

```
# 定义求取动作 a 以及 1 步移动后的状态 s 的函数


def get_action_and_next_s(pi, s):
    direction = ["up", "right", "down", "left"]
    # 根据 pi[s,:] 的概率来选择 direction
    next_direction = np.random.choice(direction, p=pi[s, :])

    if next_direction == "up":
        action = 0
        s_next = s - 3  # 向上移动时，状态数减 3
    elif next_direction == "right":
        action = 1
        s_next = s + 1  # 向右移动时，状态数加 1
    elif next_direction == "down":
        action = 2
        s_next = s + 3  # 向下移动时，状态数加 3
    elif next_direction == "left":
        action = 3
        s_next = s - 1  # 向左移动时，状态数减 1

    return [action, s_next]
```

我们还将修改 goal_maze 函数，该函数一直在移动智能体，直至到达目标为止。先前定义的函数 goal_maze 将从开始到目标的状态（位置）序列输出到 state_history。这一次，不仅要输出状态历史记录，也要输出在该状态下采取的动作。改写后的函数定义为 goal_maze_ret_s_a，即函数 goal_maze 的返回值为状态和动作的记录。

```python
# 定义求解迷宫问题的函数，它输出状态和动作

def goal_maze_ret_s_a(pi):
    s = 0  # 开始地点
    s_a_history = [[0, np.nan]]  # 记录智能体移动的列表

    while (1):  # 直至到达目标的路径
        [action, next_s] = get_action_and_next_s(pi, s)
        s_a_history[-1][1] = action
        # 代入当前状态（即目前最后一个状态 index=-1）的动作

        s_a_history.append([next_s, np.nan])
        # 代入下一个状态，由于还不知道其动作，用 nan 表示

        if next_s == 8:  # 到达目标地点则终止
            break
        else:
            s = next_s

    return s_a_history
```

现在，让我们用初始策略 $\pi_{\theta_0}(s, a)$ 来执行 goal_maze_ret_s_a。

```python
# 用初始策略求解迷宫问题
s_a_history = goal_maze_ret_s_a(pi_0)
print(s_a_history)
print("求解迷宫问题所需的步数 " + str(len(s_a_history) - 1) )
```

然后，输出状态 – 动作对，并输出所需的总步数，如图 2.17 所示。

```
In [8]: # 用初始策略求解迷宫问题
s_a_history = goal_maze_ret_s_a(pi_0)
print(s_a_history)
print("求解迷宫问题所需的步数 " + str(len(s_a_history) - 1) )

[[0, 2], [3, 2], [8, 0], [3, 1], [4, 2], [3, 1], [4, 3], [3, 1], [4, 2], [7, 0], [4, 3], [3, 1], [4, 2], [7, 0], [4, 2], [7,
0], [4, 3], [3, 1], [4, 3], [3, 0], [0, 1], [1, 1], [2, 2], [5, 0], [2, 3], [1, 3], [0, 2], [3, 0], [0, 1], [1, 3], [0, 1],
[1, 1], [2, 2], [5, 0], [2, 2], [5, 0], [2, 2], [5, 0], [2, 3], [1, 1], [2, 3], [1, 3], [0, 2], [3, 0], [0, 1], [1, 1], [2,
2], [5, 0], [2, 2], [5, 0], [2, 2], [5, 0], [2, 2], [5, 0], [2, 3], [1, 1], [2, 2], [5, 0], [2, 3], [1, 3], [0, 1], [1, 3],
[0, 2], [3, 1], [4, 2], [7, 1], [8, nan]]
求解宫问题所需的步数 78
```

图 2.17 根据策略梯度法的初始策略 $\pi_{\theta_0}(s, a)$ 得到的智能体位置和动作的序列

2.3.3　根据策略梯度法更新策略

接下来，根据策略梯度法实现策略更新部分的代码。在策略梯度法中，参数 θ 根据以下公式更新：

$$\theta_{s_i,a_j} = \theta_{s_i,a_j} + \eta \cdot \Delta\theta_{s,a_j}$$
$$\Delta\theta_{s,a_j} = \{N(s_i,a_j) - P(s_i,a_j)N(s_i,a)\}/T$$

其中，θ_{s_i,a_j} 是一个参数，用于确定在状态（位置）s_i 下采取动作 a_j 的概率。η 被称为学习系数，它控制 θ_{s_i,a_j} 在单次学习中更新的大小。如果 η 太小，学习就会很慢，但如果它太大，就无法正常学习。$N(s_i, a_j)$ 是在状态 s_i 下采取动作 a_j 的次数，$P(s_i, a_j)$ 是在当前策略中状态 s_i 下采取动作 a_j 的概率。$N(s_i, a)$ 是在状态 s_i 下采取的动作总数，T 是实现目标所采取的总步数。使用此更新式的原因将在本节末尾进行说明。

将此表达式定义为函数 update_theta。使用当前的 theta 和策略 pi 作为函数的输入，当前策略的执行结果用 s_a_history 来表示。请输入以下代码。

```python
# 定义 theta 的更新函数

def update_theta(theta, pi, s_a_history):
    eta = 0.1  # 学习率
    T = len(s_a_history) - 1  # 到达目标的总步数

    [m, n] = theta.shape  # theta 矩阵的大小
    delta_theta = theta.copy()  # 生成初始的 delta_theta, 由于指针原因
                                # 不能直接使用 delta_theta=theta

    # 求取 delta_theta 的各元素
    for i in range(0, m):
        for j in range(0, n):
            if not(np.isnan(theta[i, j])):  # theta 不是 nan 时

                SA_i = [SA for SA in s_a_history if SA[0] == i]
                # 从列表中取出状态 i
```

```
                SA_ij = [SA for SA in s_a_history if SA == [i, j]]
                # 取出状态 i 下应该采取的动作 j

                N_i = len(SA_i)   # 状态 i 下动作的总次数
                N_ij = len(SA_ij)   # 状态 i 下采取动作 j 的次数
                delta_theta[i, j] = (N_ij - pi[i, j] * N_i) / T

        new_theta = theta + eta * delta_theta

        return new_theta
```

上面的代码中使用命令 `theta.copy()` 来求得 `delta_theta`。NumPy 使用指针引用来加速计算，因此，如果用 `delta_theta = theta`，则 `delta_theta` 和 `theta` 将具有相同的内容和内存地址。这样一来，当更新其中一个时，另一个将同时更改。为了避免这种现象，需要使用"变量名 `.copy()`"的指令使其成为一个单独的变量。另外，上述代码还使用称为列表推导的 Python 语法从列表 `s_a_history` 中提取状态 s_i 的对象。此外，计算 `SA_i` 和 `N_i` 的代码放在 `j` 循环之外更好，但为了更容易理解放在了现在的位置。

现在，让我们执行函数 `update_theta`，更新参数 θ，并查看策略 π_θ 是如何变化的。

```
# 策略更新
new_theta = update_theta(theta_0, pi_0, s_a_history)
pi = softmax_convert_into_pi_from_theta(new_theta)
print(pi)
```

更新后的结果如图 2.18 所示。因为动作是概率性的，所以具体数字随着每次运行而变化，但是它与根据初始策略得到的每个状态的均匀概率略有不同。

最后，通过重复搜索和更新迷宫中的参数 θ，直到可以一路直线行走来解决迷宫问题，下面是主程序的实现代码。

In [11]:
```
# 策略更新
new_theta = update_theta(theta_0, pi_0, s_a_history)
pi = softmax_convert_into_pi_from_theta(new_theta)
print(pi)
```

```
[[ 0.          0.49861111  0.50138889  0.        ]
 [ 0.          0.50277775  0.          0.49722225]
 [ 0.          0.          0.49722225  0.50277775]
 [ 0.33333333  0.33333333  0.33333333  0.        ]
 [ 0.          0.          0.50138889  0.49861111]
 [ 1.          0.          0.          0.        ]
 [ 1.          0.          0.          0.        ]
 [ 0.49861111  0.50138889  0.          0.        ]]
```

图 2.18 更新的策略 $\pi_\theta(s, a)$

```
# 策略梯度法求解迷宫问题

stop_epsilon = 10**-4  # 策略的变化小于 10^-4 则结束学习

theta = theta_0
pi = pi_0

is_continue = True
count = 1
while is_continue:  # 重复，直到 is_continue 为 False
    s_a_history = goal_maze_ret_s_a(pi)  # 由策略 π 搜索迷宫探索历史
    new_theta = update_theta(theta, pi, s_a_history)  # 更新参数 θ
    new_pi = softmax_convert_into_pi_from_theta(new_theta)  # 更新参数 π

    print(np.sum(np.abs(new_pi - pi)))  # 输出策略的变化
    print(" 求解迷宫问题所需要的步数 " + str(len(s_a_history) - 1))

    if np.sum(np.abs(new_pi - pi)) < stop_epsilon:
        is_continue = False
    else:
        theta = new_theta
        pi = new_pi
```

执行上述程序，输出每次试验的步数和策略 π 的变化的绝对值之和，如图 2.19 所示。设定了学习的结束条件，在策略变化的绝对值小于 10^{-4} 时学习就结束（学习的结束条件需要根据任务来调整）。

```
In [11]:  # 策略梯度法求解迷宫问题

          stop_epsilon = 10**-4  # 策略的变化小于 10^-4 则结束学习

          theta = theta_0
          pi = pi_0

          is_continue = True
          count = 1
          while is_continue:  # 重复，直到 is_continue 为 False
              s_a_history = goal_maze_ret_s_a(pi)  # 由策略 π 搜索迷宫探索历史
              new_theta = update_theta(theta, pi, s_a_history)  # 更新参数 θ
              new_pi = softmax_convert_into_pi_from_theta(new_theta)  # 更新参数 π

              print(np.sum(np.abs(new_pi - pi)))  # 输出策略的变化
              print(" 求解迷宫问题所需要的步数 " + str(len(s_a_history) - 1))

              if np.sum(np.abs(new_pi - pi)) < stop_epsilon:
                  is_continue = False
              else:
                  theta = new_theta
                  pi = new_pi
```

```
0.010526286934587403
求解迷宫问题所需的步数 38
0.02408333591970906
求解迷宫问题所需的步数 12
0.013805137421867009
求解迷宫问题所需的步数 18
0.03268908492319045
求解迷宫问题所需的步数 6
```

图 2.19　迷宫中搜索和参数更新的执行结果

下面，我们执行以下内容来确认通过策略梯度法学习得到的最终策略。

```
# 确认最终策略
np.set_printoptions(precision=3, suppress=True)  # 设置为有效位数为 3，不显示指数
print(pi)
```

执行上面的代码会产生如图 2.20 所示的策略。策略的第二行和第三行（状态 1 和 2）是从开始位置到右边的死角。这是一个巧妙的数字，使得即使在早期阶段迷路，最终也不会进入该位置。在其他状态中，每个动作的概率为 1 或 0，根据迷宫的位置决定采用哪个动作。换句话说，这是一个直接朝向目标前进的策略。

最后，如上一节所述，通过动画来将智能体的移动可视化。代码与上一节几乎相同，其中使用了 **s_a_history**。从动画可以看到，智能体直接前往目

标而不会徘徊，说明了通过强化学习成功地解决了迷宫问题。以上我们实现了
一个通过策略梯度法求解迷宫问题的强化学习程序。

```
In [13]:    # 确认最终策略
            np.set_printoptions(precision=3, suppress=True)  # 设置为有效位数为 3，不显示指数
            print(pi)

[[ 0.     0.     1.     0.    ]
 [ 0.     0.464  0.     0.536]
 [ 0.     0.     0.47   0.53 ]
 [ 0.     1.     0.     0.    ]
 [ 0.     0.     1.     0.    ]
 [ 1.     0.     0.     0.    ]
 [ 1.     0.     0.     0.    ]
 [ 0.     1.     0.     0.    ]]
```

图 2.20　用策略梯度法强化学习后的策略

```
# 可视化智能体的移动
# 参考URL http://louistiao.me/posts/notebooks/embedding-matplotlib-
  animations-in-jupyter-notebooks/
from matplotlib import animation
from IPython.display import HTML


def init():
    # 初始化背景图像
    line.set_data([], [])
    return (line,)


def animate(i):
    # 每一帧画面的内容
    state = s_a_history[i][0]    # 画出现在的场景
    x = (state % 3) + 0.5    # 状态的 x 坐标为状态除以 3 的余数加 0.5
    y = 2.5 - int(state / 3)    # 状态的 y 坐标为 2.5 减去（状态数除以 3）
    line.set_data(x, y)
    return (line,)


# 使用初始化函数和每帧中的绘图函数来生成动画
anim = animation.FuncAnimation(fig, animate, init_func=init, frames=len(
    s_a_history), interval=200, repeat=False)

HTML(anim.to_jshtml())
```

2.3.4　策略梯度法的相关理论

前面实现了用策略梯度法求解迷宫问题的强化学习程序。但还存在以下

问题：

1）当求解策略时，为什么使用 softmax 函数？

2）为什么 θ 的更新公式以这次使用的公式的形式编写？

下面将简要回答这些问题。

使用 softmax 函数是因为即使参数 θ 具有负值也可以求解出策略。使用 softmax 函数将参数 θ 转换为策略 π 具有即使参数 θ 具有负值也可以计算概率的优势，因为 exponential（指数函数）只输出正值。

通过策略梯度法求解参数 θ 的更新方法，可以使用一个称为策略梯度定理 [6] 的定理。此外，有一种称为 REINFORCE [6] 的方法可作为策略梯度定理算法的一种近似实现。

使用 softmax 函数进行概率转换，根据 REINFORCE 算法可以导出此处使用的更新公式。如果想更详细地了解数学推导过程，请参考文献 [7,8]。

如上所述，在本节中，我们根据策略迭代法中的策略梯度法实现了迷宫任务的强化学习代码。在下一节中，我们将讨论为实现价值迭代法所需要的术语。

2.4 价值迭代法的术语整理

本节介绍名为价值迭代法的算法所需的术语。具体而言，将介绍奖励、动作价值、状态价值、贝尔曼方程、马尔可夫决策过程等术语。

2.4.1 奖励

要实现价值迭代法，需要先定义价值，这是该方法名中的词语。举例来

说，如果有钻石的话，换算成日元数就是其价值。换句话说，价值的确定需要
货币的概念。

强化学习中的价值迭代法使用奖励而不是货币的概念。例如，在迷宫任
务的情况下，当达到目标时将给予奖励。此外，在机器人不摔倒的条件下前行
时，每走一步都给予其奖励。对于围棋来说，获胜后就能够得到奖励。在特定
时间 t 给出的奖励 R_t 称为即时奖励（immediate reward）。另外，对于强化学习
中的奖励值 R_t，根据具体的任务需要自行设定。

此外，未来将获得的奖励总和 G_t 被称为总奖励。

$$G_t = R_{t+1} + R_{t+2} + R_{t+3} + \cdots$$

但是，考虑到时间因素，需要引入利率的概念。例如，如果当前将 10 000
日元存入银行 10 年，每年的利息也会产生复利效应，因此 10 年后的金额会超
过 10 000 日元。相反，在 10 年后的 1 万日元将比当前价格下的 1 万日元要便
宜一点。这种体现未来奖励的方式称为时间折扣，折扣率表示为 γ。γ 的数值介
于 0 和 1 之间。

结合利率和复利效应，考虑未来的总奖励时，也将折扣率考虑进来，使用
折扣总奖励（discounted total reward）G_t 来表示。

$$G_t = R_{t+1} + \gamma R_{t+2} + \gamma^2 R_{t+3} + \cdots$$

说点题外话，在 2017 年诺贝尔经济学奖得主泰勒教授的研究"行为经济
学"中，有提到人们倾向于对未来价值打超过必要的折扣。例如，相比于一年
后收到 12 000 日元，人们更愿意现在收到 10 000 日元 [9]。在脑科学研究中，
据报道，人类的时间折扣率受到大脑纹状体区域和血清素的影响 [10,11]。

2.4.2　动作价值和状态价值

现在我们已经定义了奖励的概念，下面将介绍价值的概念。价值迭代法定义了两种类型的价值：动作价值（action value）和状态价值（state value）。使用图 2.21 中的迷宫任务作为示例来解释这两个价值。当智能体（绿色圆圈）到达目标状态 S8 时，设定奖励 $R_{t+1} = 1$。

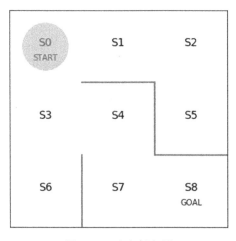

图 2.21　迷宫任务图

下面解释动作价值。假设智能体当前处于迷宫中的 S7 处。从 S7 向右移动即可到达目标。换句话说，如果状态 s = S7 且动作 a= 向右，则意味着 S7 → S8 移动，这样就可以在下一步中达到目标并获得奖励 $R_{t+1} = 1$。

上述说明可以由公式表示。在策略 π 下，动作价值可以用动作价值函数 $Q^{\pi}(s, a)$ 表示。有 4 种类型的动作（向上、向右、向下、向左），在动作索引为 $a = 1$ 时向右移动，所以有：

$$Q^{\pi}(s = 7, a = 1) = R_{t+1} = 1$$

价值迭代法中关于策略 π 的细节将在下一节中解释。

因此，如果智能体处于 s = S7 且动作 a= 向上，那么动作价值 $Q^\pi(s, a)$ 是什么？此时智能体从 S7 向 S4 移动，远离了目标。这样一来，需要额外的两个步骤，S7 → S4 → S7 → S8，才能达到目标。可以将其表示为以下公式：

$$Q^\pi(s = 7, a = 0) = \gamma^2 * 1$$

换句话说，要达到目标需要两个步骤，这两个步骤的时间折扣的奖励值是由该动作（从 S7 向上移动）得到的。

下面我们讨论状态价值。状态价值是指在状态 s 下遵从策略 π 行动时，预计在将来获得的总奖励 G_t。将状态 s 的状态价值函数写为 $V^\pi(s)$。

例如，智能体在 S7 时，向右移动将到达目标并获得奖励 1，就有：

$$V^\pi(s = 7) = 1$$

此外，如果智能体在 S4，向下移动到达 S7，再向右移动并到达目标 S8，状态价值函数的值变为：

$$V^\pi(s = 4) = \gamma * 1$$

智能体在 S4 时的状态价值函数也可以用下式表示。从状态 S4 开始的最优行动（向下移动）会得到状态 S7，即可使用 S7 的状态价值的值：

$$V^\pi(s = 4) = R_{t+1} + \gamma * V^\pi(s = 7)$$

这里，R_{t+1} 是到达状态 S7 时可以获得的即时奖励，但由于不可能在目标 S8 之外获得奖励，因此在上面的公式中 $R_{t+1} = 0$。也就是说，

$$V^\pi(s = 4) = 0 + \gamma * V^\pi(s = 7) = \gamma * 1 = \gamma$$

2.4.3　贝尔曼方程和马尔可夫决策过程

如果将前面说明的状态价值函数的表达式以更一般的方式表达：

$$V^{\pi}(s) = \max_a \mathbb{E}[R_{s,a} + \gamma * V^{\pi}(s(s,a))]$$

这称为贝尔曼方程。好像突然间出现了一个复杂的表达式，下面会用简单的方式来对此加以解释。

左侧表示状态 s 时的状态价值 V。该状态价值 V 是在采用右侧具有最大值的动作 a 时所期望的价值。右侧的 $R_{s,a}$ 是指在状态 s 下采用动作 a 时所获得的即时奖励 R_{t+1}，右侧的 $V^{\pi}()$ 中的 $s(s, a)$ 表示在状态 s 下采用动作 a 并移动一步后的新状态 s_{t+1}。换句话说，将新状态 R_{t+1} 下的状态价值 V 乘以一步的时间折扣率，加上即时奖励函数 $R_{s,a}$，取该和的最大值就是当前的状态价值。这一贝尔曼方程是关于状态价值函数的方程，该方程也同样适用于动作价值函数。

作为贝尔曼方程成立的前提条件，学习对象必须是马尔可夫决策过程（Makov Decision Process，MDP）。这是一个听起来很难的词，其内容却并不复杂。马尔可夫决策过程是一个系统，下一步的状态 s_{t+1} 由当前状态 s_t 和采用的动作 a_t 确定。换句话说，这意味着前面解释的贝尔曼方程中"右侧的 $s(s, a)$ 表示在状态 s 下采用动作 a 并移动一步后的新状态 s_{t+1}"这部分成立。

那么，哪些不是马尔可夫决策过程呢？通过当前状态 s_t 之外的过去状态（例如 s_{t-1}）来确定下一状态 s_{t+1} 的系统，就不是马尔可夫决策过程。

到目前为止，我们已经描述了理解价值迭代法所需的术语。在下一节中，我们将解释如何更好地学习动作价值、状态价值，以及如何决定行动的策略。价值迭代算法的代表性示例是 Sarsa 和 Q 学习。下一节将介绍 Sarsa 并实现其算法。

2.5 Sarsa 的实现

2.5.1 用 ε- 贪婪法实现策略

在本节中，我们将实现 Sarsa，它是一种价值迭代算法。如 2.2 节所述，执行第 1 ~ 3 个代码块（导入包，绘制迷宫，定义 theta_0）。

接下来，价值迭代方法中使用的动作价值函数以表格形式实现。具体而言，行表示状态 s，列表示动作 a，表中的值为动作价值函数 $Q(s, a)$。由于不知道正确的动作价值，因此对初始状态赋予随机值。请输入以下内容。在代码的第二行中乘以 theta_0 的原因是，为生成的与墙壁方向所对应的随机数设置为 np.nan。

```
# 设置初始的动作价值函数

[a, b] = theta_0.shape  # 将行列数放入 a、b
Q = np.random.rand(a, b) * theta_0
# 将 theta_0 乘到各元素上，使得 Q 的墙壁方向的值为 nan
```

下面实现如何根据各时刻的动作 a 的动作价值函数 Q 来求取策略。最简单的方法是采用 Q 值最大的动作（这称为贪婪法）。但是，如果在没有求得正确的 Q 值时采用这种方法，会导致根据随机生成的动作价值的初始值确定动作，其后可能无法很好地学习（例如，从初始的 S0 位置每次向右移动）。

因此，我们将以一定的概率 ε 随机行动，在剩下的 $1-\varepsilon$ 概率下采用动作价值 Q 最大的行动。这种方法称为 ε- 贪婪法。随着试验次数（回合数或轮数）的增加，ε 值会渐渐减小。

像这样的价值迭代强化学习中，必须综合地使用当前动作价值函数的最大值来采取确定行动（利用）以及随机行动（探索），这一方法称为"探索和利用的权衡"。

现在，我们来实现 $\varepsilon-$ 贪婪法。首先，我们定义随机行动策略 pi_0。

```
# 将策略参数 theta_0 转换为随机策略

def simple_convert_into_pi_from_theta(theta):
    ''' 简单计算比率 '''

    [m, n] = theta.shape  # 读取 theta 矩阵大小
    pi = np.zeros((m, n))
    for i in range(0, m):
        pi[i, :] = theta[i, :] / np.nansum(theta[i, :])   # 计算比率

    pi = np.nan_to_num(pi)  # 将 nan 转换为 0

    return pi

# 求取随机行动策略 pi_0
pi_0 = simple_convert_into_pi_from_theta(theta_0)
```

然后，我们实现 ε- 贪婪法。这一次，我们将分别定义动作函数 get_ action 和将动作作为参数求取下一个状态的函数 get_s_next。

```
# 实现 ε- 贪婪法

def get_action(s, Q, epsilon, pi_0):
    direction = ["up", "right", "down", "left"]

    # 确定行动
    if np.random.rand() < epsilon:
        # 以 ε 概率随机行动
        next_direction = np.random.choice(direction, p=pi_0[s, :])
    else:
        # 采用 Q 的最大值对应的动作
        next_direction = direction[np.nanargmax(Q[s, :])]

    # 为动作加上索引
    if next_direction == "up":
        action = 0
    elif next_direction == "right":
        action = 1
    elif next_direction == "down":
        action = 2
    elif next_direction == "left":
        action = 3
```

```
    return action

def get_s_next(s, a, Q, epsilon, pi_0):
    direction = ["up", "right", "down", "left"]
    next_direction = direction[a]   # 动作 a 对应的方向

    # 由动作确定下一个状态
    if next_direction == "up":
        s_next = s - 3   # 向上移动时，状态数减 3
    elif next_direction == "right":
        s_next = s + 1   # 向右移动时，状态数加 1
    elif next_direction == "down":
        s_next = s + 3   # 向下移动时，状态数加 3
    elif next_direction == "left":
        s_next = s - 1   # 向左移动时，状态数减 1

    return s_next
```

2.5.2　使用 Sarsa 算法更新动作价值函数 $Q(s, a)$

下面我们来实现更新学习的功能，使动作价值函数 $Q(s, a)$ 能学习到正确的值。此更新算法在本节中使用称为 Sarsa 的算法。如果获得动作价值函数 $Q(s, a)$ 的正确值，则贝尔曼方程

$$Q(s_t, a_t) = R_{t+1} + \gamma Q(s_{t+1}, a_{t+1})$$

所表示的关系成立。然而，由于在学习过程中尚未正确求得动作价值函数，因此该等式是不成立的。

此时，上述等式两边之间的差 $R_{t+1} + \gamma Q(s_{t+1}, a_{t+1}) - Q(s_t, a_t)$ 是 TD 误差（时间差，Temporal Difference error）。如果此时 TD 误差为 0，则表示已正确学习到了动作价值函数。Q 的更新公式是：

$$Q(s_t, a_t) = Q(s_t, a_t) + \eta * ((R_{t+1} + \gamma Q(s_{t+1}, a_{t+1}) - Q(s_t, a_t))$$

其中 η 是学习率，η 后面是 TD 误差。遵循此更新公式的算法称为 Sarsa。这

里总共使用了五个变量值，即当前的 *s* 和 *a*、即时奖励 *R* 以及下一步的 *s* 和 *a*。

现在我们来实现 Sarsa 的动作价值函数的更新。请注意，当到达目标时，下一个状态 *s* 是不存在的。

```
# 基于 Sarsa 更新动作价值函数 Q

def Sarsa(s, a, r, s_next, a_next, Q, eta, gamma):

    if s_next == 8:  # 已到达目标
        Q[s, a] = Q[s, a] + eta * (r - Q[s, a])

    else:
        Q[s, a] = Q[s, a] + eta * (r + gamma * Q[s_next, a_next] - Q[s, a])

    return Q
```

2.5.3   用 Sarsa 解决迷宫问题的实现

现在，实现根据 Sarsa 算法解决迷宫问题的代码。与 2.3 节中的策略梯度法不同，价值迭代法在每一步更新价值函数，而不是每轮试验运行（从开始到目标算一轮或一回合）。

```
# 定义基于 Saras 求解迷宫问题的函数，输出状态、动作的历史记录以及更新后的 Q

def goal_maze_ret_s_a_Q(Q, epsilon, eta, gamma, pi):
    s = 0  # 开始地点
    a = a_next = get_action(s, Q, epsilon, pi)  # 初始动作
    s_a_history = [[0, np.nan]]  # 记录智能体的移动序列

    while (1):  # 循环直至到达目标
        a = a_next  # 更新动作

        s_a_history[-1][1] = a
        # 将动作放在现在的状态下（最终的 index=-1）

        s_next = get_s_next(s, a, Q, epsilon, pi)
        # 有效的下一个状态
```

```
        s_a_history.append([s_next, np.nan])
        # 代入下一个状态，动作未知时为 nan

        # 给予奖励，求得下一个动作
        if s_next == 8:
            r = 1  # 到达目标，给予其奖励
            a_next = np.nan
        else:
            r = 0
            a_next = get_action(s_next, Q, epsilon, pi)
            # 求得下一动作 a_next

        # 更新价值函数
        Q = Sarsa(s, a, r, s_next, a_next, Q, eta, gamma)

        # 终止判断
        if s_next == 8:  # 到达目的地则结束
            break
        else:
            s = s_next

    return [s_a_history, Q]
```

最后，程序重复价值函数更新部分的代码，直到它能一路完成迷宫任务。至于如何设置学习结束的条件，这里我们执行 100 次（轮）试验。注意，状态价值函数 $V(s)$ 在每个状态 s 中找到动作价值函数 $Q(s, a)$ 的最大值。请输入以下代码：

```
# 通过 Sarsa 求解迷宫问题

eta = 0.1  # 学习率
gamma = 0.9  # 时间折扣率
epsilon = 0.5  # ε- 贪婪法的初始值
v = np.nanmax(Q, axis=1)  # 根据状态求价值的最大
is_continue = True
episode = 1

while is_continue:  # 循环直到 is_continue 为 False
    print(" 当前回合 :" + str(episode))

    # ε- 贪婪法的值逐渐减少
    epsilon = epsilon / 2

    # 通过 Sarsa 求解迷宫问题，求取移动历史和更新后的 Q 值
    [s_a_history, Q] = goal_maze_ret_s_a_Q(Q, epsilon, eta, gamma, pi_0)

    # 状态价值的变化
```

```
new_v = np.nanmax(Q, axis=1)  # 各状态求得最大价值
print(np.sum(np.abs(new_v - v)))  # 输出状态价值的变化
v = new_v

print("求解迷宫问题所需步数 " + str(len(s_a_history) - 1) )

# 重复 100 回合
episode = episode + 1
if episode > 100:
    break
```

当执行上述代码时，输出回合数、状态价值 v 的变化的绝对值之和以及所需步数，如图 2.22 所示。

我们现在已经实现了一个强化学习程序，它使用价值迭代法的 Sarsa 算法来求解迷宫问题。与策略梯度法的情况一样，如果将变量 **s_a_history** 绘制为动画，则可以看到智能体直接走向目标。在下一节中，我们将实现并解释价值迭代法的 Q 学习算法。

```
# 状态价值变化
new_v = np.nanmax(Q, axis=1)  # 各状态求得最大价值
print(np.sum(np.abs(new_v - v))) 输出状态价值的变化
v = new_v

print("求解迷宫问题所需步数 " + str(len(s_a_history) - 1) )
// 重复 100 回合

episode = episode + 1
if episode > 100:
    break
```

```
当前回合: 1
2.82083099480216
求解迷宫问题所需步数 698
当前回合: 2
0.37802400311812423
求解迷宫问题所需步数 236
当前回合: 3
0.1495064569746718
求解迷宫问题所需步数 86
当前回合: 4
0.11337467791083097
求解迷宫问题所需步数 36
当前回合: 5
0.0961163936855374
求解迷宫问题所需步数 20
当前回合: 6
0.08952663455532212
求解迷宫问题所需步数 18
```

图 2.22　Sarsa 的执行结果

2.6 实现 Q 学习

2.6.1 Q 学习算法

在本节中，我们实现 Q 学习，这是一种价值迭代算法。与 Sarsa 的不同之处在于其动作价值函数的更新公式不同。

在 Sarsa 的情况下，动作值函数 Q 的更新公式是

$$Q(s_t, a_t) = Q(s_t, a_t) + \eta * (R_{t+1} + \gamma Q(s_{t+1}, a_{t+1}) - Q(s_t, a_t))$$

而 Q 学习的更新公式如下所示：

$$Q(s_t, a_t) = Q(s_t, a_t) + \eta * (R_{t+1} + \gamma \max_a Q(s_{t+1}, a) - Q(s_t, a_t))$$

在 Sarsa 的情况下，在更新时需要求取下一步动作 a_{t+1}，并将其用于更新。另一方面，Q 学习使用在状态 s_{t+1} 下动作价值函数值中的最大值来进行更新。由于 Sarsa 使用下一个动作 a_{t+1} 来更新动作价值函数 Q，因此 Sarsa 算法的特征之一是 Q 的更新依赖于求取 a_{t+1} 的策略，这样的特征称为策略依赖型（ON）特征。

在 Q 学习中，动作价值函数 Q 的更新不依赖于动作的决定方法（策略）。这种特征称为策略关闭型（OFF）特征。由于 ε– 贪婪法产生的随机性不用于更新公式值，因此其动作价值函数的收敛快于 Sarsa。

2.6.2 Q 学习的实现

为了实现 Q 学习，仅需重写上一节中 Sarsa 的动作价值函数 Q 的更新部分。

```
# 基于 Q 学习的动作价值函数 Q 的更新

def Q_learning(s, a, r, s_next, Q, eta, gamma):

    if s_next == 8:  # 到达目标时
        Q[s, a] = Q[s, a] + eta * (r - Q[s, a])
    else:
        Q[s, a] = Q[s, a] + eta * (r + gamma * np.nanmax(Q[s_next,: ]) - Q[s, a])

    return Q
```

根据 Q 函数的更新函数的变化情况，将函数 `goal_maze_ret_s_a_Q` 的 Sarsa 部分的函数重写为 `Q_learning` 函数。

由于它与上一节中的代码完全相同，我们在用 Q 学习解决迷宫问题时，修改代码以在每一轮中求得状态价值函数 V 的值。如果初始 Q 值很大，则难以绘图，可通过乘以 0.1 以使 Q 值变小。

```
# 设定初始的动作价值函数 Q

[a, b] = theta_0.shape  # 将行和列的大小放到 a、b 中
Q = np.random.rand(a, b) * theta_0 * 0.1
# 将 theta_0 乘到所有元素中，将 Q 的墙壁方向的值设为 nan
```

这样一来，在通过 Q 学习解决迷宫问题的部分中，每回合中状态价值函数的值存储在变量 V 中。

```
# 通过 Q 学习解决迷宫问题

eta = 0.1  # 学习率
gamma = 0.9  # 时间折扣率
epsilon = 0.5  # ε-贪婪法的初始值
v = np.nanmax(Q, axis=1)  # 求每个状态价值的最大值
is_continue = True
episode = 1

V = []  # 存放每回合的状态价值
V.append(np.nanmax(Q, axis=1))  # 求各状态下动作价值的最大值

while is_continue:  # 循环直到 is_continue 为 False
    print("回合数:" + str(episode))
```

```
    # ε-贪婪法的值函数逐渐减小
    epsilon = epsilon / 2

    # 通过 Q 学习求解迷宫问题，求得动作更新和更新后的 Q
    [s_a_history, Q] = goal_maze_ret_s_a_Q(Q, epsilon, eta, gamma, pi_0)

    # 状态价值的变化
    new_v = np.nanmax(Q, axis=1)  # 求各状态下动作价值的最大值
    print(np.sum(np.abs(new_v - v)))  # 输出状态价值函数的变化
    v = new_v
    V.append(v)  # 添加该回合终止时的状态价值函数

    print(" 求解迷宫问题所需的步数是：" + str(len(s_a_history) - 1))

    # 重复 100 回合
    episode = episode + 1
    if episode > 100:
        break
```

执行时，输出回合数、状态价值 v 的变化的绝对值之和以及所需步数，如图 2.23 所示。

```
    # 重复 100 回合
    episode = episode + 1
    if episode > 100:
        break

回合数：1
0.2151295252306408
求解迷宫问题所需的步数是：630
回合数：2
0.9637995949454178
求解迷宫问题所需的步数是：10
回合数：3
0.09528761839518678
求解迷宫问题所需的步数是：10
回合数：4
0.09315612627832197
求解迷宫问题所需的步数是：4
```

图 2.23　Q 学习的执行结果

最后，让我们将状态价值函数的值随每次试验（回合 / 轮）的变化情况可视化。我们对 2.2 节中的绘制智能体在迷宫内移动的动画代码做出了一些修改。该单元格需要一些时间来执行。

```
# 可视化状态价值的变化
# 参考URL http://louistiao.me/posts/notebooks/embedding-matplotlib-animations-in-
  jupyter-notebooks/
```

```python
from matplotlib import animation
from IPython.display import HTML
import matplotlib.cm as cm  # color map


def init():
    # 初始化背景图像
    line.set_data([], [])
    return (line,)


def animate(i):
    # 各帧的绘图内容
    # 各方格中根据状态价值的大小画颜色
    line, = ax.plot([0.5], [2.5], marker="s",
                    color=cm.jet(V[i][0]), markersize=85)  # S0
    line, = ax.plot([1.5], [2.5], marker="s",
                    color=cm.jet(V[i][1]), markersize=85)  # S1
    line, = ax.plot([2.5], [2.5], marker="s",
                    color=cm.jet(V[i][2]), markersize=85)  # S2
    line, = ax.plot([0.5], [1.5], marker="s",
                    color=cm.jet(V[i][3]), markersize=85)  # S3
    line, = ax.plot([1.5], [1.5], marker="s",
                    color=cm.jet(V[i][4]), markersize=85)  # S4
    line, = ax.plot([2.5], [1.5], marker="s",
                    color=cm.jet(V[i][5]), markersize=85)  # S5
    line, = ax.plot([0.5], [0.5], marker="s",
                    color=cm.jet(V[i][6]), markersize=85)  # S6
    line, = ax.plot([1.5], [0.5], marker="s",
                    color=cm.jet(V[i][7]), markersize=85)  # S7
    line, = ax.plot([2.5], [0.5], marker="s",
                    color=cm.jet(1.0), markersize=85)  # S8
    return (line,)


# 用初始化函数和各帧的绘图函数来制作动画
anim = animation.FuncAnimation(
    fig, animate, init_func=init, frames=len(V), interval=200, repeat=False)

HTML(anim.to_jshtml())
```

　　上面代码的执行结果如图 2.24 所示。它使用 jet 格式的颜色图，当状态价值 V 较小时为深蓝色。该动画发布在本书的支持页面上 [4]。当播放动画时，随着回合的重复，状态价值函数逐渐增大，方格随之变化。首先，只有目标 S8 具有高价值，因此只有 S8 是深红色而其他方格是蓝色。重复几个回合后随着

Q 学习的进行，可以从与到达目标相反的方向观察 S7、S4、S3、S0 等，到达目标的路径逐渐从蓝色变为红色，如图 2.25 所示。颜色没有完全变成暗红色的原因是状态价值以折扣率 γ 打了折扣。

这两幅图有两个重点。第一点是让图像从可以在与获得奖励的目标的相反方向上学习状态价值，第二点是在学习之后创建从起点到目标的路径。

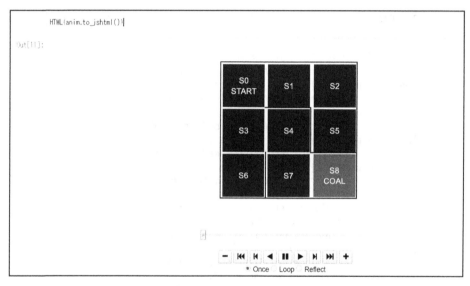

图 2.24　由 Q 学习引起的状态价值函数的变化（初始）

※ 在印刷的纸张中，可能很难看清颜色的差异，但在实际画面中，S8 为深红色，S0 至 S7 为蓝色。

上面，我们实现了使用价值迭代法的 Q 学习算法来求解迷宫问题的强化学习程序，也实现了状态价值的可视化。本节借助迷宫问题介绍并实现了基本强化学习算法。在下一章中，将通过强化学习来实现倒立摆的控制，这是一项更复杂的任务。

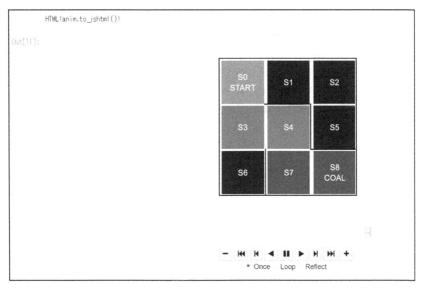

图 2.25　由 Q 学习引起的状态价值函数的变化（学习后）

※ 在印刷的纸张中，很难看清颜色的差异，但在实际画面中，S0、S3、S4、S7、S8 为橙色到红色，S1、S2、S5、S6 为蓝色。

参考文献

[1] 実践力を身につける Python の教科書（著）クジラ飛行机 マイナビ出版

[2] Try Jupyter
https://jupyter.org/try

[3] Google Colaboratory
https://colab.research.google.com/

[4] 本書サポートページ
https://github.com/YutaroOgawa/Deep-Reinforcement-Learning-Book

[5] Embedding Matplotlib Animations in Jupyter Notebooks http://louistiao.me/posts/notebooks/embedding-matplotlib-animations-in-jupyter-notebooks

[6] Sutton, Richard S., et al. "Policy gradient methods for reinforcement learning with function approximation." Advances in neural information processing systems. 2000.

[7] これからの強化学習（著）牧野貴樹ら 森北出版

[8] 最強囲碁AI アルファ碁 解体新書 深層学習、モンテカルロ木探索、強化学習から見た
    その仕組み（著）大槻知史 翔泳社
[9] 実践 行動経済学（著）リチャード・セイラーら 日経BP社
[10] Tanaka, Saori C., et al. "Neural mechanisms of gain?loss asymmetry in temporal
    discounting." Journal of Neuroscience 34.16 (2014) : 5595-5602.
[11] 脳の中の経済学（著）大竹文雄ら ディスカヴァー・トゥエンティワン

第 3 章

在倒立摆任务中实现强化学习

3.1 在本地 PC 上准备强化学习的实现和执行环境

3.1.1 安装 Anaconda 并配置 Python 执行环境

在本章中，我们将实现在第 2 章中学习过的 Q 学习，将其用于被称为倒立摆的任务，这一任务比迷宫任务更复杂。在本章中，我们将在本地环境下实现和执行 Python，而不是通过 Try Jupyter。

在本节中，我们将使用 Anaconda 的 Python 环境，解释如何在本地 PC 上使用 Jupyter Notebook 构建 Python 实现和执行的环境。虽然是针对 Windows 用户进行的介绍，但对于 macOS 和 Linux 用户而言基本相同。例如，如果搜索 "Python Anaconda mac environment construction" 等，能找到有关在 mac 平台构建环境的信息。

从 Anaconda 下载页面（https://www.anaconda.com/download/）下载并安装适用于你的 PC 环境的 Anaconda 安装文件。基本上，建议选择新的 Python 3

版本而不是 Python 2（见图 3.1）。单击下载按钮将要求你输入电子邮件地址，可以单击"不，谢谢"在不注册的情况下下载。

图 3.1　下载 Anaconda

安装时，在出现的界面上单击"Next""I Agree"，然后选择"Just Me"并单击"Next"进入下一个界面。将文件夹路径保留为默认值，然后单击"Next"。之后，显示用于设置高级选项的画面（见图 3.2）。选取"Add Anaconda to the system PATH environment variable"和"Register Anaconda as the system Python 3.6"，然后单击"Install"。

安装后，构建一个用于运行程序的虚拟环境。单击 Windows 开始菜单中的 Anaconda Navigator 以启动它。单击已启动的 Home 界面左侧顶部的第二个"Environments"以打开环境配置界面（见图 3.3）。

单击配置界面左侧第二列底部的"Create"按钮（见图 3.4）。要构建的虚拟环境的名称可以任意设定，在本书中，设为"rl_env"，代表用于强化学习的虚拟环境。接受 Python 3.6 的默认设置，然后单击"Create"，这就构建了一个新的虚拟环境。创建虚拟环境时，如果出现"Anaconda Update"的提示，请进行软件更新。

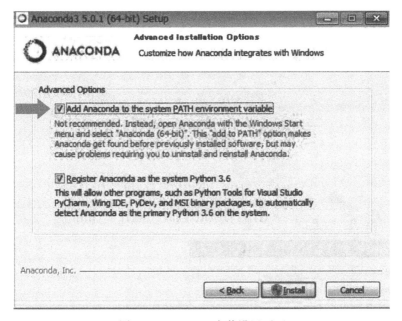

图 3.2　Anaconda 安装设置画面

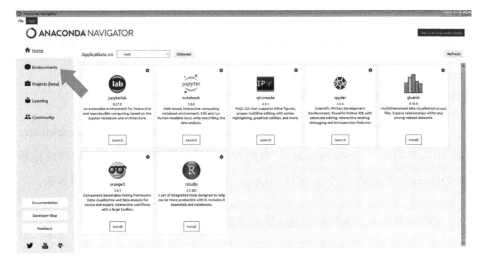

图 3.3　Anaconda Navigator 启动画面

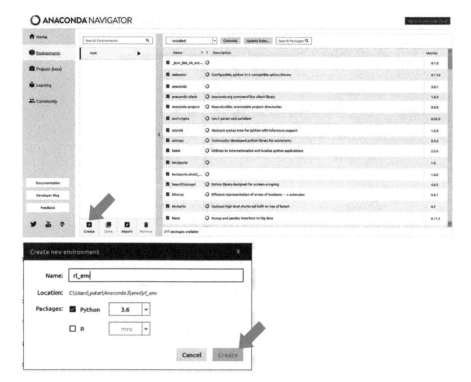

图 3.4 通过 Anaconda 构建虚拟环境

3.1.2 安装强化学习所需的库

接下来，安装实现和运行强化学习所需的包。启动 Anaconda Navigator 后，单击左端的"Environments"以进入环境设置界面。单击创建好的虚拟环境"rl_env"旁边的"△"，选择"Open Terminal"。然后会出现终端界面。

在终端界面上安装相应的包（见图 3.5），请逐个执行以下命令。

```
pip install gym
pip install matplotlib
pip install JSAnimation
pip uninstall pyglet -y
pip install pyglet==1.2.4
conda install -c conda-forge ffmpeg
```

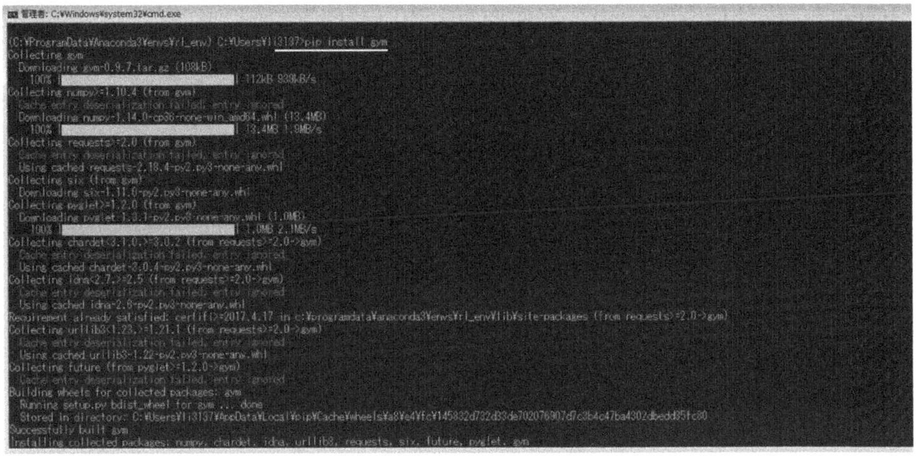

图 3.5　从终端安装库

pip install 和 conda install 是用于将其他人创建的 Python 包（库）安装到自己的环境中的命令。可以通过 pip 安装的软件包由名为 PyPI 的服务（Python 软件包索引）管理。使用 pip 命令可以轻松安装使用 PyPI 注册的软件包。在 conda 的环境下，它也是由 Anaconda 管理。

但是，由于使用 pip 或 conda 安装的库是由其他人创建的，因此该程序可能会对 PC 上的其他程序产生负面影响。因此，创建虚拟环境并将其安装在封闭且安全的环境中是常见做法。

这次安装的 gym 包是执行本章要执行的倒立摆任务中所必需的。有关 gym 包的细节将在下一节中解释。其他的包都是在 Jupyter Notebook 上绘制 gym 动画所需要的。

上面已经构建了使用 Jupyter Notebook 在 Windows 上运行 OpenAI Gym 的 CartPole 程序的环境。下面安装 Jupyter Notebook。单击 Anaconda 最左侧菜单中的 "Home"。在图 3.6 所示的画面中，确认画面上的 "Applications on" 选项是你创建的虚拟环境名（rl_env），然后单击 Jupyter Notebook 上的

"Install"。安装后,"Install"部件将变为"Launch"。

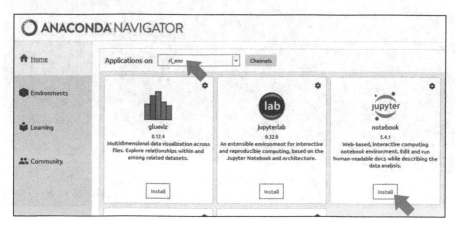

图 3.6 从主界面安装 Jupyter Notebook

要打开 Jupyter Notebook,请在主界面上将" Application on"选项设为创建的虚拟环境名 (`rl_env`),然后单击 Jupyter Notebook 上的" Launch"。或者,在你构建的虚拟环境中打开终端并输入以下命令:

```
jupyter notebook
```

然后 Jupyter Notebook 将在 Web 浏览器上打开。Jupyter Notebook 的操作与前一章中描述的 Try Jupyter 相同。下一节将说明倒立摆任务。

3.2 倒立摆任务"CartPole"

3.2.1 关于 CartPole

前一章针对简单的迷宫任务,解释了强化学习的基本知识和实现方法。在本章中,我们用强化学习来学习倒立摆的控制方法,这是一项更复杂的任务。本节介绍 OpenAI Gym 的 CartPole,它是倒立摆任务的执行环境。

OpenAI 是一个旨在促进人工智能的研究机构，该机构于 2015 年底成立，由特斯拉电动汽车公司和 Space X 创始人马斯克等人发起 [1]。

OpenAI Gym 是 2016 年 4 月 OpenAI 发布的执行环境，它实现了强化学习算法并比较了各算法的性能 [2]。

倒立摆任务是一种控制任务，一根具有旋转轴的杆固定在小车上，需要控制小车左右精细地移动，使得杆不会掉落。想象一下，小学生扫地时，会用手掌托着扫帚玩耍，使扫帚不倒下来，这一动作与倒立摆基本相同。

倒立摆任务可以使用 OpenAI Gym 的 CartPole 环境。图 3.7 显示了 OpenAI Gym 的 CartPole 的执行情况。CartPole 是 OpenAI Gym 库中广泛使用的经典任务。

图 3.7　倒立摆任务 CartPole

3.2.2　CartPole 的实现

现在让我们通过实现和运行 CartPole 来深入理解这个任务。使用 Jupyter Notebook 创建一个新的 Python 文件。然后，在第一个单元格中输入以下代码：

```
# 声明要使用的包
import numpy as np
import matplotlib.pyplot as plt
%matplotlib inline
import gym
```

接下来，定义函数 `display_frames_as_gif`，该函数将 CartPole 的运

行状态保存为动画。因为视频的回放和存储与强化学习没有直接关系，因此这里省略了对于该函数的详细说明。此函数与 Jupyter Notebook 的 `gif` 存储方法中描述的内容几乎相同。详情请参阅参考文献 [4]。这里，只更改了一行，将视频保存为 `movie_cartpole.mp4`。

```
# 声明绘图功能
# 参考URL http://nbviewer.jupyter.org/github/patrickmineault/xcorr-notebooks/blob/
  master/Render%20OpenAI%20gym%20as%20GIF.ipynb
from JSAnimation.IPython_display import display_animation
from matplotlib import animation
from IPython.display import display


def display_frames_as_gif(frames):
    """
    Displays a list of frames as a gif, with controls
    """
    plt.figure(figsize=(frames[0].shape[1]/72.0, frames[0].shape[0]/72.0),
               dpi=72)
    patch = plt.imshow(frames[0])
    plt.axis('off')

    def animate(i):
        patch.set_data(frames[i])

    anim = animation.FuncAnimation(plt.gcf(), animate, frames=len(frames),
                                   interval=50)

    anim.save('movie_cartpole.mp4')  # 追记：动画的保存
    display(display_animation(anim, default_mode='loop'))
```

然后，编写 CartPole 的执行部分代码。这次没有进行正确的控制，只将小车随机向右或向左移动。原始 CartPole 任务中，在杆的倾斜角度超过一定程度时程序结束，但在此程序中，它会继续进行适当的移动而不会终止。输入以下内容并执行。

```
# 随机移动 CartPole

frames = []
env = gym.make('CartPole-v0')
observation = env.reset()  # 需要先重置环境

for step in range(0, 200):
    frames.append(env.render(mode='rgb_array'))  # 将各个时刻的图像添加到帧中
```

```
action = np.random.choice(2)  # 随机返回：0（小车向左），1（小车向右）

observation, reward, done, info = env.step(action)  # 执行 action
```
`# 注意：运行后将打开 ipykernel_launcher.p…这一窗口，请保持不动`

`gym.make` 是一个启动 Open AI 游戏环境的指令。指定 `'CartPole-v0'` 这一个参数以表示是 CartPole 任务。执行时，首先执行 `env.reset()` 以初始化环境。此时，返回初始状态，将其存储在变量 `observation` 中。

`env.step(action)` 是将游戏环境推进一步的指令。此时，执行参数 `action` 所对应的动作。对于 CartPole，`action=0` 对应于将小车推向左侧，`action=1` 对应于将小车推向右侧。`env.step(action)` 输出四个变量：`observation`、`reward`、`done`、`info`。`observation` 表示小车和杆的状态（是四个变量的列表），该状态的四个变量将在下一节中详细描述。`reward` 是即时奖励。如果执行 `action` 后，小车位置在 ±2.4 范围内且杆未倾斜超过 20.9°，则奖励为 1。相反，如果小车移出 ±2.4 范围或者杆倾斜超过 20.9°，则奖励为 0。当退出时，`done` 是一个变量，在结束状态时 `done` 为 `True`，否则为 `False`。如果步数超过 200，或者在奖励为 0 时小车超出 ±2.4 的范围或杆倾斜超过 20.9°，则判断为结束状态，并且变量 `done` 变为 `True`。通常会检查 `done` 这个变量并在结束后重置游戏，本节的代码中忽略了 `done`。最后，`info` 变量中包含调试等所需的信息。

当执行上述单元格时，变量 `frames` 中存放了每个步骤的 CartPole 图像。如果在 Windows 下运行它，您可能会看到一个名为 ipykernel_launcher.py 的奇怪窗口（图 3.8）。此处忽略此窗口。在程序运行完毕后请强行关闭即可。

最后，使用前面定义的函数 `display_frames_as_gif` 播放和保存存储在变量 `frames` 中的图像。

```
# 保存并绘制视频
display_frames_as_gif(frames)
```

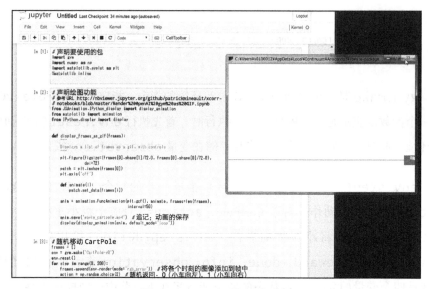

图 3.8　CartPole 的实现过程

执行上述命令后，将显示如图 3.9 中所示的画面，能够播放已执行的结果。

此外，在执行程序的同一文件夹中生成 movie_cartpole.mp4。如果查看生成的视频，你会看到杆已经翻倒，因为小车是随机地左右移动的。在下面几节，我们将通过强化学习方法来控制小车，以便控制杆不会掉下来。

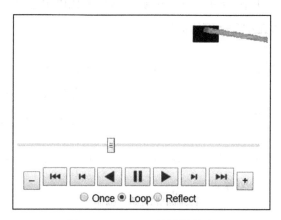

图 3.9　CartPole 的执行状态

3.3　由多变量连续值表示的状态的表格表示

3.3.1　CartPole 的状态

在本节中，我们将介绍 CartPole 中的表格表示。

在前一章的迷宫任务中，状态指的是智能体所在的格子编号，由单个变量表示，是从 0 到 8 的离散值。然而，倒立摆任务 CartPole 具有更加复杂的状态定义。

CartPole 的状态存储在上一节中介绍的变量 observation 中。变量 observation 是 4 个变量组成的列表，每个变量的内容如下[5]。

- 小车位置（–2.4 ～ 2.4）。
- 小车速度（– ∞ ～ + ∞）。
- 杆的角度（–41.8° ～ 41.8°）。
- 杆的角速度（– ∞ ～ + ∞）。

括号中的数字表示每个变量的范围，这 4 个变量都是连续值。因此，与迷宫任务不同，CartPole 的状态具有多个变量，并且每个变量都采用连续值。

对于这个由多个变量和连续值表示的 CartPole 状态，我们想以表格形式表达 Q 函数，就像在迷宫任务中一样。为此，有必要对连续值进行离散化。

例如，在使用六个值（0 ～ 5）来离散化小车位置的情况下，如果位置在 –2.4 ～ –1.6 则记为 0，–1.6 ～ –0.8 记为 1，–0.8 ～ 0.0 记为 2，以此类推，对于 1.6 ～ 2.4 则记为 5。但是，因为有可能在来到 –2.4 的瞬间越过该位置，可以将 – ∞ ～ –1.6 记为 0，同样，将 1.6 ～ + ∞ 记为 5。这样一来，表示为连续值的小车位置的变量转换成了由 0 ～ 5 表示的离散变量。

假设其他变量也以相同的方式用六个值离散化。由于有 4 种类型的变量，而 6^4 = 1296，这意味着 CartPole 的状态可由 1296 种类型的数字值来表示。

CartPole 可采用两种类型的动作（action）：将小车推向右侧或将小车推向左侧。执行的操作是以向右或向左的加速度推车。因此，如果每个状态变量用 6 个值离散化，则 CartPole 的 Q 函数可以以 1296 行 × 2 列的表格形式来表示。与迷宫任务的情况类似，Q 函数表中的值表示在各个状态下采用各个动作之后将获得的折扣奖励的总和。

通过执行上述离散化操作，包含多个由连续值表示的状态变量的 CartPole 任务，其 Q 函数可以用与迷宫任务相同的方式以表格形式表示出来。

3.3.2　状态离散化的实现

现在让我们实现离散化部分。该部分的实现基于文献 [6]。首先，输入以下内容并将状态存储在 observation 中。

```
# 声明要使用的包
import numpy as np
import matplotlib.pyplot as plt
%matplotlib inline
import gym
# 变量的设定
ENV = 'CartPole-v0'  # 要使用的任务名称
NUM_DIZITIZED = 6  # 将每个状态划分为离散值的个数
# 尝试运行 CartPole
env = gym.make(ENV)  # 设置要执行的任务
observation = env.reset()  # 环境初始化
```

执行 env.reset() 以返回初始状态，将其存储在变量 observation 中。下面，让我们定义一个函数来离散化这个 observation。首先我们定义函数 bins，函数 bins 可求解用于离散化的阈值。

求取用于离散化的阈值

```python
def bins(clip_min, clip_max, num):
    ''' 找到观察状态（连续值）到离散值的数字转换阈值 '''
    return np.linspace(clip_min, clip_max, num + 1)[1:-1]
```

np.linspace 是一个生成等间隔序列的函数，例如，执行 np.linspace
(-2.4,2.4,6 + 1) 会产生 [-2.4, -1.6, -0.8, 0, 0.8, 1.6, 2.4]。
想从这个列表中取出第二个到倒数第二个元素，所以把 [1:-1] 放在其后面。

注意在 Python 操作中读取索引的方法。[-1] 表示的是最后一个元素
的索引，但是在 [1:-1] 的情况下，索引不指示第一个元素到最后一个元
素，而是指示第二个元素到倒数第二个元素。因此，执行 np.linspace
(-2.4,2.4,6 + 1)[1:-1] 给出 [-1.6, -0.8, 0, 0.8, 1.6]。将此
列表中的值作为离散化的阈值。换句话说，$-\infty \sim -1.6$ 设置为 0，-1.6 到 -0.8
设置为 1，…，1.6 到 $+\infty$ 设置为 5。

接下来，创建一个函数，根据 bins 函数获得的阈值对连续变量进行离散
化。定义函数 digitize_state，它一次性转换状态的 4 个变量，如下所示。

```python
def digitize_state(observation):
    ''' 将观察到的 observation 状态转换为离散值 '''
    cart_pos, cart_v, pole_angle, pole_v = observation
    digitized = [
        np.digitize(cart_pos, bins=bins(-2.4, 2.4, NUM_DIZITIZED)),
        np.digitize(cart_v, bins=bins(-3.0, 3.0, NUM_DIZITIZED)),
        np.digitize(pole_angle, bins=bins(-0.5, 0.5, NUM_DIZITIZED)),
        np.digitize(pole_v, bins=bins(-2.0, 2.0, NUM_DIZITIZED))]
    return sum([x * (NUM_DIZITIZED**i) for i, x in enumerate(digitized)])
```

np.digitize 根据 bins 将状态变量列表转换为数字值。变量 pole_
angle 从 -0.5 到 0.5 离散化，这是因为变量 pole_angle 的单位由弧度来表
示，而 0.5 弧度 $\approx 29°$。

乍一看，函数 digitize_state 的 return 内容似乎很复杂，它是将用

离散状态表示的 4 个变量放在一起并转换为 0 到 1295 之间的值。如果 NUM_
DIZITIZED = 6，则以六进制计算，例如，如果离散化后的值是（小车位置，
小车速度，杆角度，杆角速度）=（1,2,3,4），

$$1 \times 6^0 + 2 \times 6^1 + 3 \times 6^2 + 4 \times 6^3 = 985$$

则被定义为状态 985。

到目前为止，我们已经解释了如何离散 CartPole 的状态变量并将它们用表
格法表示出来。在下一节中，我们将实现 Q 学习来控制 CartPole。

3.4   Q 学习的实现

在本节中，我们将实现 Q 学习来控制 CartPole。在本节中使用 Q 学习而不采
用策略迭代法和 Sarsa，是因为在第 5 章中介绍的深度强化学习使用了 Q 学习。本
节会根据 OpenAI Gym 的方法编写相应的程序，并提示其中必要的注意点。

从本节开始将定义和实现类。有三个类要实现：Agent、Brain 和
Environment（见图 3.10）。

Agent 类在 CartPole 任务中表示为倒立摆小推车对象。Agent 有两个
函数。更新 Q 函数的函数 update_Q_function 和确定下一个动作的函数
get_action。在 Agent 中，有一个 Brain 类的对象作为成员变量。

Brain 类可以看成 Agent 的大脑。Brain 使用 Q 表来实现 Q 学习。Brain
有四个函数：函数 bins 和 digitize_state 用于离散化 Agent 观察到的
observation，函数 update_Q_table 用于更新 Q 表，函数 decision_
action 用于确定来自 Q 表的动作。这里将 Agent 和 Brain 分开，是因为在

第 5 章中使用深度学习将表格型 Q 学习改为深度强化学习时，只需要改变这个
Brain 类就可以了。

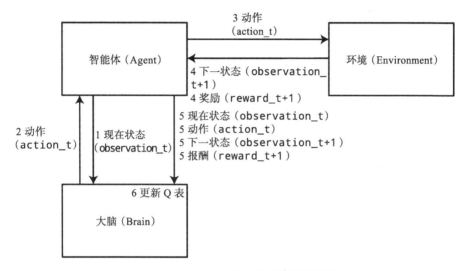

图 3.10　CartPole 中 Q 学习实现的概述

Environment 是 OpenAI Gym 的执行环境。这里，执行 CartPole 环境的
是 run 函数。

要实现的类和信息流如图 3.10 所示。我们将使用此图解释从现在开始要实
现的内容。

首先，我们决定要执行的动作。为此，Agent 将当前状态 observation_t
传递给 Brain。Brain 离散化状态并根据 Q 表来确定动作。并将确定的动作
action_t 返回给 Agent。

接下来，我们进入动作的实际执行环境步骤中。Agent 将动作 action_t
传递给 Environment，Environment 执行动作 action_t 并将执行后的状
态 observation_t+1 以及作为结果而获得的即时奖励 reward_t+1 返回给
Agent。

最后，更新 Q 表。Agent 将当前状态 observation_t、执行的动作 action_t、执行动作之后得到的 observation_t+1 以及获得的即时奖励 reward_t+1 这四个变量传递给 Brain，Brain 更新其 Q 表。我们将这四个变量综合起来称为 transition。

在 Q 学习中，将重复上述三个过程。

下面实现图 3.10 中的类结构和处理过程。首先，定义函数 display_frames_as_gif，它导入必要的包并将 OpenAI Gym 执行结果保存为 GIF 动画。实践时，请在 3.1 节构建的虚拟环境中启动 Jupyter Notebook。

```python
# 包导入
import numpy as np
import matplotlib.pyplot as plt
%matplotlib inline
import gym
# 声明动画的绘制函数
# 参考URL http://nbviewer.jupyter.org/github/patrickmineault
# /xcorr-notebooks/blob/master/Render%20OpenAI%20gym%20as%20GIF.ipynb
from JSAnimation.IPython_display import display_animation
from matplotlib import animation
from IPython.display import display


def display_frames_as_gif(frames):
    """
    以 gif 形式显示帧的列表，并带有控件
    """
    plt.figure(figsize=(frames[0].shape[1]/72.0, frames[0].shape[0]/72.0),
               dpi=72)
    patch = plt.imshow(frames[0])
    plt.axis('off')

    def animate(i):
        patch.set_data(frames[i])

    anim = animation.FuncAnimation(plt.gcf(), animate, frames=len(frames),
                                   interval=50)

    anim.save('movie_cartpole.mp4')  # 视频保存的文件名
    display(display_animation(anim, default_mode='loop'))
```

接下来，定义此次使用的常量。GAMMA 是时间折扣率，ETA 是学习系数。MAX_STEPS 是一次试验中的最大步数。在 CartPole-v0 任务中，如果进行到 200 步就可以认为游戏完成，那就设为 200。NUM_EPISODES 是最大尝试试验次数。这里将其设定为 1000，旨在在 1000 次试验中完成游戏。

```
# 常数的设定
ENV = 'CartPole-v0'  # 要使用的任务名称
NUM_DIZITIZED = 6   # 将每个状态划分为离散值的个数
GAMMA = 0.99  # 时间折扣率
ETA = 0.5  # 学习系数
MAX_STEPS = 200  # 一次试验中的步数
NUM_EPISODES = 1000  # 最大试验次数
```

接下来，我们定义 Agent 类。Agent 类接收初始化函数 init 中 CartPole 状态变量的数量和动作类型的数量，并生成 Brain 类作为自己的大脑。Agent 类包括 get_action 和 update_Q_function 这两个方法。

```
class Agent:
    ''' CartPole 的智能体类，它将是一个带有杆的小车 '''

    def __init__(self, num_states, num_actions):
        self.brain = Brain(num_states, num_actions)
        # 为智能体创建大脑以做出决策

    def update_Q_function(self, observation, action, reward, observation_next):
        '''Q 函数的更新 '''
        self.brain.update_Q_table(
            observation, action, reward, observation_next)

    def get_action(self, observation, step):
        ''' 动作的确定 '''
        action = self.brain.decide_action(observation, step)
        return action
```

接下来，我们定义 Brain 类，它是 Agent 的大脑。更新 Q 表与确定动作的方法与第 2 章中的迷宫任务类似。当试验次数较少时，用 ε- 贪婪法增加动作的探索。我们使用上一节中介绍的 bins 和 digitize_state 函数来对 observation 进行离散化。但是请注意，参数列表中有 self，是因为它是类中的方法，即 self.bins，这一点与上一节有所不同。

```python
class Brain:
    ''' 这是一个将成为智能体大脑的类，用于进行 Q 学习 '''

    def __init__(self, num_states, num_actions):
        self.num_actions = num_actions  # CartPole 两种动作（向左或向右）

        # 创建 Q 表。行数是将状态转换为数字得到的分割数（有 4 个变量），列数表示动
          作数
        self.q_table = np.random.uniform(low=0, high=1, size=(
            NUM_DIZITIZED**num_states, num_actions))


    def bins(self, clip_min, clip_max, num):
        ''' 求得观察到的状态（连续值）到离散值的数字转换阈值 '''
        return np.linspace(clip_min, clip_max, num + 1)[1:-1]

    def digitize_state(self, observation):
        ''' 将观察到的 observation 转换为离散值 '''
        cart_pos, cart_v, pole_angle, pole_v = observation
        digitized = [
            np.digitize(cart_pos, bins=self.bins(-2.4, 2.4, NUM_DIZITIZED)),
            np.digitize(cart_v, bins=self.bins(-3.0, 3.0, NUM_DIZITIZED)),
            np.digitize(pole_angle, bins=self.bins(-0.5, 0.5, NUM_DIZITIZED)),
            np.digitize(pole_v, bins=self.bins(-2.0, 2.0, NUM_DIZITIZED))
        ]
        return sum([x * (NUM_DIZITIZED**i) for i, x in enumerate(digitized)])

    def update_Q_table(self, observation, action, reward, observation_next):
        ''' Q 学习更新的 Q 表 '''
        state = self.digitize_state(observation)  # 状态离散化
        state_next = self.digitize_state(observation_next)  # 将下一个状态离散化
        Max_Q_next = max(self.q_table[state_next][:])
        self.q_table[state, action] = self.q_table[state, action] + \
            ETA * (reward + GAMMA * Max_Q_next - self.q_table[state, action])

    def decide_action(self, observation, episode):
        ''' 根据 ε - 贪婪法逐渐采用最优动作 '''
        state = self.digitize_state(observation)
        epsilon = 0.5 * (1 / (episode + 1))

        if epsilon <= np.random.uniform(0, 1):
            action = np.argmax(self.q_table[state][:])
        else:
            action = np.random.choice(self.num_actions)  # 随机返回 0、1 动作
        return action
```

最后，定义 Environment 类。这一次，如果它连续 10 次站立 195 步或

更多，那说明强化学习成功。我们将再次运行一次以保存成功后的动画。

```python
class Environment:
    ''' 执行 CartPole 的环境类 '''

    def __init__(self):
        self.env = gym.make(ENV)  # 设置要执行的任务
        num_states = self.env.observation_space.shape[0]  # 获取任务状态的个数
        num_actions = self.env.action_space.n  # 获取 CartPole 的动作（向左或向
                                                 右）数为 2
        self.agent = Agent(num_states, num_actions)  # 创建在环境中行动的 Agent

    def run(self):
        ''' 执行 '''
        complete_episodes = 0  # 持续 195 步或更多的试验次数
        is_episode_final = False  # 最终试验的标志
        frames = []  # 用于存储视频图像的变量

        for episode in range(NUM_EPISODES):  # 试验的最大重复次数
            observation = self.env.reset()  # 环境初始化

            for step in range(MAX_STEPS):  # 每个回合的循环

                if is_episode_final is True:  # 将最终试验各个时刻的图像添加到
                                                帧中
                    frames.append(self.env.render(mode='rgb_array'))

                # 求取动作
                action = self.agent.get_action(observation, episode)

                # 通过执行动作 a_t 找到 s_ {t + 1}，r_ {t + 1}
                observation_next, _, done, _ = self.env.step(
                    action)  # 不使用 regain 和 info

                # 给予奖励
                if done:  # 如果步数超过 200，或者如果倾斜超过某个角度，则
                            done 为 True
                    if step < 195:
                        reward = -1  # 如果半途摔倒，给予奖励 -1 作为惩罚
                        complete_episodes = 0  # 站立超过超过 195 步，重置试验
                                                 次数
                    else:
                        reward = 1  # 一直站立到结束时给予奖励 1
                        complete_episodes += 1  # 更新连续记录
                else:
                    reward = 0  # 途中奖励为 0
                # 使用 step_1 的状态 observation_next 更新 Q 函数
                self.agent.update_Q_function(
```

```
                observation, action, reward, observation_next)

            # observation 更新
            observation = observation_next

            # 结束时的处理
            if done:
                print('{0} Episode: Finished after {1} time steps'.format(
                    episode, step + 1))
                break

        if is_episode_final is True:  # 在最后一次试验中保存并绘制动画
            display_frames_as_gif(frames)
            break

        if complete_episodes >= 10:   # 如果连续成功 10 次，绘制下一次试验作为
            print('10回合连续成功')      最终试验
            is_episode_final = True  #
```

在上面的代码中，`self.env.observation_space.shape[0]` 是 4，这是 CartPole 具有的状态变量的数量。`self.env.action_space.n` 是 2，这是 CartPole 具有的动作数。`self.env.step(action)` 是执行动作的方法。

这里的重点是，我们不使用作为返回值的 `reward` 和 `info`。如果在每一步都能站立，CartPole 默认将获得奖励 1。这里修改为：如果站立超过 195 步，获得奖励 1；如果摔倒或移动幅度太大则奖励为 –1；其他步骤奖励是 0。

`episode_final` 是一个标志，如果连续 10 次试验成功，则变为 `True`。在 `episode_final=True` 的最后一次试验中，将每一步的图像都存储在变量 `frames` 中，最后保存并播放动画。

以上是整个实现过程，创建一个 `Environment` 类对象并执行 `run` 函数。

```
# main
cartpole_env = Environment()
cartpole_env.run()
```

执行上述程序后，将输出每次试验连续站立的步数，如图 3.11 所示，如果

连续 10 次连续站立 195 步或更多，将结束该程序。学习将在大约 100 ~ 500 次试验中完成。成功后保存的动画列在本书支持页面 [3] 上。你可以看到它如何很好地保持站立。

```
In  [*]:   # main
           cartpole_env = Environment()
           cartpole_env.run()
           239 Episode: Finished after 200 time steps
           240 Episode: Finished after 33 time steps
           241 Episode: Finished after 200 time steps
           242 Episode: Finished after 191 time steps
           243 Episode: Finished after 196 time steps
           244 Episode: Finished after 148 time steps
           245 Episode: Finished after 200 time steps
           246 Episode: Finished after 193 time steps
           247 Episode: Finished after 200 time steps
           248 Episode: Finished after 200 time steps
           249 Episode: Finished after 200 time steps
           250 Episode: Finished after 200 time steps
           251 Episode: Finished after 200 time steps
           252 Episode: Finished after 200 time steps
           253 Episode: Finished after 200 time steps
           254 Episode: Finished after 200 time steps
           255 Episode: Finished after 200 time steps
           256 Episode: Finished after 200 time steps
           10回合连续成功
```

图 3.11　main 函数的运行结果

在本节中，执行 OpenAI Gym 时使用 Windows 10 作为操作系统，使用 Jupyter Notebook 作为执行环境，以便更多人可以轻松地尝试。在 Windows 下，如 3.2 节所述，可能会在打开名为 ipykernel_launcher.py 的窗口后冻结。如果出现这种情况，请在结束时强行关闭。

在本章中，我们通过 OpenAI Gym 的 CartPole 这一倒立摆任务，通过 Q 学习解释并实现了强化学习方法。在下一章中，我们将讨论深度学习，为引入深度强化学习做准备。

参考文献

[1] イーロン・マスク氏ら、AI研究組織「OpenAI」を創設 -- 人類への貢献を目指す
https://japan.cnet.com/article/35074857/

[2] OpenAI Gym
https://gym.openai.com/docs/

[3] 本書サポートページ
https://github.com/YutaroOgawa/Deep-Reinforcement-Learning-Book

[4] Jupyter Notebook上でのgif保存の解説
http://nbviewer.jupyter.org/github/patrickmineault/xcorr-notebooks/blob/master/
Render%20OpenAI%20gym%20as%20GIF.ipynb

[5] CartPole v0
https://github.com/openai/gym/wiki/CartPole-v0

[6] これさえ読めばすぐに理解できる強化学習の導入と実践
https://deepage.net/machine_learning/2017/08/10/reinforcement-learning.html

第 4 章

使用 PyTorch 实现深度学习

4.1 神经网络和深度学习的历史

在第 2 章和第 3 章中，我们描述了基本的强化学习方法及其实现。下一章将讲述深度强化学习，它将深度学习引入强化学习。为此，本章将介绍深度学习，并介绍如何使用名为 PyTorch 的包（库）来实现深度学习。

用一句话概括，深度学习就是"深度神经网络"。但是，仅做这样的解释是不充分的，本节将逐一介绍人类提出深度学习的发展历史。

神经网络是一种机器学习算法，模仿人类神经元（神经细胞）的活动。例如，假设要对手写数字图像进行分类。在这种情况下，输入数据是图像，是由垂直像素数 × 水平像素数 ×RGB 值表示的数据。将该数据作为神经网络的输入，然后从神经网络的输出中读取图像的数字标签（0 到 9），从而对手写数字图像所代表的数字进行分类。下面将说明这些神经网络是如何与时俱进的。

4.1.1　第一次神经网络热潮

神经网络的原始模型是麦卡洛克 – 皮茨（McCulloch-Pitts）模型，该模型发表于 1943 年 [1]。它也被称为形式神经元，它是一种以数学上简单的方式模拟神经元活动的模型。麦卡洛克是一名外科医生和神经科学家，皮茨是一名数学家。这个模型诞生于神经科学家和数学家所合著的文章中。

McCulloch-Pitts 模型由以下等式表示。它也可以表示为图 4.1 的形式。

$$z = H(\sum_{i=1}^{N} w_i x_i + x_0)$$

z 表示目标神经元的输出。x_i 表示连接到目标神经元的（第 i 个）神经元的输出。神经元输出值为 0 或 1。w_i 是目标神经元与它相连接的（第 i 个）神经元之间的连接参数（连接强度）。x_0 是一个常数（偏差项）。$H()$ 被称为阶跃函数（heaviside function），如果输入为正则输出 1，如果输入为负则输出 0。McCulloch-Pitts 模型计算神经元的输入与连接参数的积并加总，然后用阶跃函数加以转换。对输入与权重的积的总和进行转换的函数（例如阶跃函数）称为激活函数。

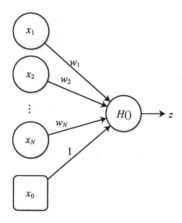

图 4.1　McCulloch-Pitts 模型

例如，连接参数是 $(w_1, w_2)=(1,1)$，如果输入是 $x_1=1$，$x_2=1$，$x_0=-1.5$，则输出将是 $H(0.5)=1$；如果输入是 $x_1=1$，$x_2=0$，$x_0=-1.5$，则输出将是 $H(-0.5)=0$。对于此示例中列出的连接参数，McCulloch-Pitts 模型对应于逻辑运算 AND。

McCulloch-Pitts 模型是一种在数学上遵循"全或无定律"的模型，它受神经科学的知识启发而来。全或无定律是指"当没有一定强度或更多的输入时，神经元根本不输出；当输入强度超过某个阈值时，它突然将输出传送到下一个神经元"。H. P. 鲍迪斯（H. P. Bowditch）于 1871 年发现这一定律。神经元可以将其输出传输到下一个神经元作为输入，所传递的输入超过一定范围时会发生被称为"激发"的现象。换句话说，"全或无定律"这一生物学上的发现是指神经元可由数字来表示两种状态，即"激发"状态或"非激发"状态。

罗森布拉特（Rosenblatt）是一名心理学家，他认为："可以通过连接 McCulloch-Pitts 模型的许多层来将其用作表达各种输入－输出关系的函数"。他将这个想法命名为感知器（perceptron）并于 1958 年发表 [2]。感知器的示意图如图 4.2 所示。许多这样的神经元元素的组合称为神经网络。

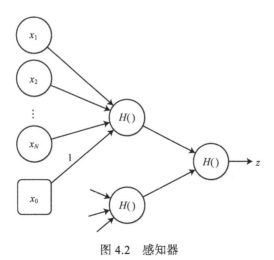

图 4.2 感知器

从 1943 年 McCulloch-Pitts 模型的发表到感知器的发表，中间过去了 15

年，但人们却有"经过了15年，应该有大量相关的思路出现，然而为什么发展缓慢"的感觉。

为了用感知器表达各种数据的输入－输出关系，有必要根据你想要实现的输入－输出关系来学习（调整）神经元之间的连接参数 w_i。如何根据任务的输入－输出关系来学习这个连接参数？罗森布拉特总结出了"感知器学习规则"这一学习方法。这里不具体讲述感知器学习规则的细节，但这是为什么需要15年才能发表新进展的理由之一，即需要建立学习规则。

当提出 McCulloch-Pitts 模型时，可以理解为神经元和神经元在称为突触的部分中功能性连接，"高尔基理论"认为，神经元在突触处是物理上直接连接的，而"卡哈尔理论"认为两者在突触上没有物理连接，而是间接连接的，这两种理论在历史上曾是共存的。在感知器发表之前的20世纪50年代，电子显微镜的发展使这个神秘的事物变得清晰，神经元在突触间间接地连接成为显而易见的事情。

间接连接意味着诸如乙酰胆碱、多巴胺和 GABA 等物质（神经递质）在突触中从一个神经元转移到下一个神经元。当神经元激发时，这些物质会传播到下一个神经元，当数量很大时，下一个神经元也会激发。换句话说，神经递质的传递是称为"激发"的信息的传递。1952年，生理学家霍奇金和赫胥黎基于卡哈尔的理论建立了一个详细的神经数学模型，即霍奇金－赫胥黎模型（Hodgkin-Huxley model）。

有关神经元的生物学知识的发展和模仿神经元和大脑活动的感知器的出现，导致全球学术界在整个20世纪60年代变得狂热，引发了第一次神经网络的繁荣和第一次 AI 热潮。当时人们当然会想到"如果能够制造出与人脑一样机制的物体，使用它，就应该能制造出与人类大脑相同的智力"！也许，它与现代深度学习热潮非常相似。但随后有人指出了感知器的局限性。

感知器的局限是由罗森布拉特的高中同学明斯基提出的，他是数学、认知科学、神经网络的研究者。明斯基表示，单层感知器不能表示如 XOR 这样的非线性输入–输出关系。据此，人们失去了对感知器的期望，这导致了第一次神经网络繁荣的终结。

事实上，这并不是问题的本质。如果感知器是多层的，则可以表达 XOR 关系：

$$z = H(x_1 + x_2 - 2H(x_1 + x_2 - 1.5) - 0.5)$$

这样，我们就可以用感知器表达 x_1、x_2 的 XOR。例如，$x_1 = 1$，$x_2 = 2$ 时，$z = H(1 + 1 - 2 - 0.5) = 0$。本质问题在于，罗森布拉特的"感知器学习规则"无法学习这种多层感知器的连接参数 w_i。

下面，思考一下，"学习规则遵循人脑的发现，用算法来模拟实际神经元的突触连接强度的变化"就可以了吗？在那个时代，尚不清楚大脑内神经元的连接强度（突触间强度）是否会发生变化。在假设层面，1949 年心理学家 Hebb 提出了一种名为 Hebb 规则的理论，但实际上当时并没有得到证实（Bliss 等人在 1973 年初次证实）。

4.1.2　第二次神经网络热潮

随着第一次神经网络的繁荣离去，神经网络的寒冬到来。而在 1986 年，Rumelhart 等人提出的反向传播（误差反向传播方法）再次激发了神经网络的热潮 [3]。上面写的是 Rumelhart "等人"，但这些人在以后将非常重要。确切地说，这是 Rumelhart、Hinton 和 Williams 的合著论文。

在感知器中，神经元的特征遵从"全或无定律"，其输出表示为阶跃函数。对于阶跃函数 $H(\ )$，如果输入为正则输出 1，输入为负则输出 0。此函数在数学上难以处理，因为当输入值为 0 时，输出值从 0 快速变为 1。

所以 Rumelhart 等人停止使用阶跃函数并决定使用 Logistic 函数（sigmoid 函数）。Logistic 函数由以下公式表示：

$$z = \frac{1}{1 + \exp(-u)}$$

其中 u 表示输入，Logistic 函数的输入 – 输出关系如图 4.3 所示。在输入 0 附近，输出值从 0 平滑地向 1 转化。在变化的过程中，输出诸如 0.5 这样的中间值。

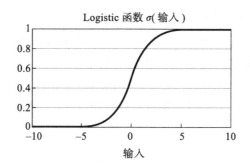

图 4.3　Logistic 函数（sigmoid 函数）

除了 0、1 之外的输出点将偏离"全或无定律"这一神经元激发的生理学知识。（但当神经元是群体而不是单个神经或单个细胞时，假设神经的概率行为时，可以认为 Logistic 函数也是符合生理学的。）

但是，从阶跃函数变为 Logistic 函数使得数学处理更容易，比如说能够对其进行微分。

下面说明一下能够微分有什么好处。为了解决非线性问题，应准备多层神经网络并设置适当的连接参数。给定输入数据并计算其输出，很自然，输出结果不同于预期的输出。这里，如果使用实际输出和预期输出之间的误差以及 sigmoid 函数的导数，则可以计算如何更好地学习（调整）连接参数，该学习方法称为反向传播（误差反向传播方法）。本书不涉及该方法的数学细节。

通过引入 Logistic 函数和反向传播，实现了感知器有局限的非线性问题的学习，并且"如果使用它，可以制造与人脑相同的智能事物"，这意味着第二次神经网络热潮来临。

然而，繁荣再次结束。要学习复杂的输入 – 输出关系，需要增加一层中神经元的数量或采用更多的神经网络层。连接更多层神经网络称为"使层数变得更深（deep）"。增加每层中神经元的数量是低效的，因此，"使层数变得更深"很有必要。然而，在更深的神经网络中，Rumelhart 等人提出的方法（Logistic 函数＋反向传播）未能很好地学习连接参数。原因是发生了梯度消失 / 爆炸的现象，这里也不深入探讨。

"最终，神经网络无法实现复杂的输入 – 输出关系……"第二次神经网络热潮就这样结束了。

4.1.3　第三次神经网络热潮

Hinton 继续挑战在深度神经网络中无法很好地学习连接参数的问题。Hinton 这个名字好像在哪里听过，是的，就是提出"反向传播"方法的第二作者。在引入 Logistic 函数并提出反向传播之后，他仍继续挑战如何实现具有更深层的神经网络。

Hinton 在 2006 年使用一种叫作深度学习的想法来实现一个深度神经网络（严格地说，它是一种叫作深度信念网络的概念，而不是深度学习）[4]。他的想法不是从随机初始值开始学习深度神经网络的连接参数，而是提前给每层提供一定程度上更好的初始值。为了求得每层连接参数的初始值，他认为"将神经网络各层分隔开，给定连接参数值会使得对于各层的输入信息和输出信息能很好地进行信息压缩"。

例如，如图 4.4 所示，使用连接参数矩阵 W 给网络提供 N 维输入 x，并获得二维输出 a_1 和 a_2。请注意，在此示例中，输出具有两个维度，但实际上可以是少于输入维度的任意数字。之后，它将获得的二维输出 a_1 和 a_2 作为输入提供给具有 W 的转置（transpose）的连接强度的网络，并求得 N 维输出 y。通常，x 和 y 将具有完全不同的值，我们训练连接参数矩阵 W，以使其尽可能相似。这个思路称为自编码器。

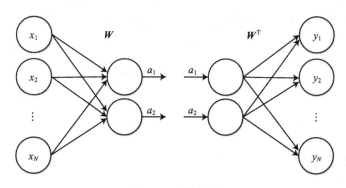

图 4.4   自编码器

对于图 4.4 所示的自编码器，将 N 维数据压缩为二维并再次恢复。换句话说，图 4.4 左侧的矩阵 W 的神经网络能够很好地将 N 维信息压缩成二维，取出这部分并将其用作深度学习的一层。Hinton 等人提出，如果将这些层重叠起来，每层采用具有信息压缩功能的连接参数作为初始值，则可以成功地学习多层神经网络。另外，他使用称为受限玻尔兹曼（Boltzmann）机的方法来学习自编码器的连接矩阵。

在 2012 年图像识别大赛 "ILSVRC（ImageNet 大规模视觉识别挑战赛）" 中，Hinton 等人提出了一种使用深度学习的图像识别系统，大大提高了识别精度，这引起了人们对深度学习的关注。

在目前的深度学习中，不使用作为早期 Hinton 基本思想的自编码器和受限玻尔兹曼机，而是将 Logistic 函数用图 4.5 所示的 ReLU（Rectified Linear

Unit，线性整流函数）等代替，通过反向传播来实现。

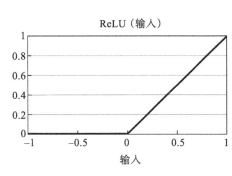

图 4.5　ReLU

　　Hinton 等人提出深度学习这样的多层神经网络并进一步改进，使深度学习更容易处理，从 2018 年开始至今，被称为第三次神经网络热潮和第三次 AI 热潮。

　　回顾过去，事实证明，将神经元输入的总和转换为输出的激活函数从阶跃函数变为 sigmoid 函数，然后变为 ReLU 等，伴随的是神经网络更广泛的可能性。通过这段历史可知，神经网络已经得到长足发展，随着深度学习的出现，神经网络可以表达更加复杂的输入 – 输出关系。

　　在本节中，我们介绍了人类发现深度学习的历史。在下一节中，我们将说明深度学习在实际中是如何计算的。

4.2　深度学习的计算方法

　　在本节中，我们将说明深度学习实际上在做什么样的计算。在本节中，你将体验使用简单模型时深度学习所进行的计算。本节所讲述的不是强化学习，而是一般意义上的监督学习。

　　监督学习中使用深度学习，分为两个阶段来实现：学习阶段和推理阶段。

在学习阶段，输入和输出使用称为训练数据（学习数据）的已知数据。当输入数据被提供给神经网络时，训练（调整）神经网络的连接参数，使得输出尽可能类似于训练数据的正确输出值。

推理阶段使用具有未知输出的数据，称为测试数据。输入测试数据并获得神经网络的输出，其中，使用了在学习阶段已经训练并获得的连接参数。换句话说，在推理阶段，预测未知数据的正确输出。

由于推理阶段更简单，在本节中我们将首先介绍推理阶段，然后介绍学习阶段，虽然这和上面所描述的两个阶段的顺序是颠倒的。

4.2.1   推理阶段

图 4.6 展示了一个用于深度学习的神经网络的简化版本。每个箭头附带的数字是连接参数。而 h 表示隐藏层（中间层）。在 h 中，来自 x 的输入之和由激活函数转换并输出到 y。假设激活函数是在前一节中介绍的 ReLU。当输入为负时，ReLU 输出 0；当输入为正时，输出与输入相同的值。

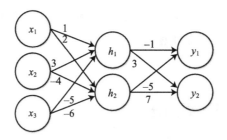

图 4.6   本节中用于计算的神经网络

现在假设输入 x 是（3, 2, 1）。那么 h_1 的输入之和就是

$$3 \times 1 + 2 \times 3 + 1 \times (-5) = 4$$

类似地，h_2 的输入之和为

$$3 \times 2 + 2 \times (-4) + 1 \times (-6) = -8$$

在隐藏层中，此输入的总和由 ReLU 转换，因此 h_1 的输出为 4，h_2 的输出为 0。随后，在求输出层中 y 的值时，y_1 为：

$$4 \times (-1) + 0 \times (-5) = -4$$

y_2 是：

$$4 \times 3 + 0 \times 7 = 12$$

换句话说，给定输入（3，2，1），图 4.6 中的神经网络的输出是（-4，12）。这是推理过程中深度学习计算的基础。

即使神经网络越来越深，它也只是重复本例中所给出的计算过程。基本上，像这样的推理计算非常简单。

4.2.2　学习阶段

推理阶段非常简单，但学习阶段需要稍微复杂的概念。在这里会尽可能简单地讲述。和前面一样，考虑图 4.6 中的神经网络。然而，这回是学习阶段，并且假设尚未学习连接参数。

现在假设输入 x 是（1，2，1），预期输出是（-1，8）。训练数据具有已知输出。当此输入被提供给神经网络时，h_1 的输入之和为

$$1 \times 1 + 2 \times 3 + 1 \times (-5) = 2$$

h_2 的输入之和是

$$1 \times 2 + 2 \times (-4) + 1 \times (-6) = -12$$

则 h_1 的输出为 2，h_2 的输出为 0。y_1 的输出是：

$$2 \times (-1) + 0 \times (-5) = -2$$

y_2 的输出是：

$$2 \times 3 + 0 \times 7 = 6$$

所以输出 y 是（-2, 6）。

　　预期输出为（-1, 8），但实际输出为（-2, 6）。在学习阶段需要调整连接参数，以使实际输出尽可能与预期输出匹配。为此，需要确定表示实际输出和预期输出之间差异的误差函数（损失函数）。如果想使用深度学习求取一些具体的数值（如监督学习的回归）时，如本节中的示例所示，通常会使用平方误差函数作为误差函数，预测第二天的股票价格将是多少日元就是一个示例。另一方面，如果想求得某些标签而不是特定值（如监督学习的分类）时，使用交叉熵误差函数作为误差函数。例如，预测股票价格是否会在第二天上升或下降的二分类，或者预测手写数字图像是 0 到 9 中哪一个的分类。

　　在这里，让我们使用平方误差函数来计算上述例子的误差。由于预期输出为（-1, 8）且实际输出为（-2, 6），因此每个输出元素的平方误差为

$$y_1 : (-1 - (-2))^2 = 1$$

$$y_2 : (8 - 6)^2 = 4$$

　　y_2 侧的误差大于 y_1 侧的误差。有必要调整和 y_1 相连的连接参数以及和 y_2 相连的连接参数，以使该误差尽可能小。

　　在神经网络学习中，连接参数不会一次就调整到最佳值，因为无法一次计算出最佳连接参数的调整量。因此，我们需要多次输入数据并一点一点地调整连接参数以找到最佳值。

　　要多次重复调整，并且需要找到每次调整各个连接参数的调整量。要确定调整量，需使用将每个输出神经元的误差微分到每个连接参数所获得的值。反向传播是找到每个连接参数对该误差的微分值的方法之一。本书未讲述反向传播算法。但会解释"你想通过反向传播做什么"。

　　计算误差微分到每个连接参数的值意味着求取"如果连接参数稍微增加，则输出层的误差将增加多少"，换句话说，它求取"如果某个连接参数变得更小，则误差的值将减小多少"。通过反向传播求得微分值，意味着使误差函数更小，较大幅度地调整那些对误差贡献大（即微分值的绝对值相对较大）的连接参数，以较小幅度调整那些对误差贡献小（即微分值的绝对值相对较小）的连接参数。

　　像这样，使用这些微分值计算当前连接参数值的调整（更新）量的计算方法称为梯度下降法。梯度下降法的具体算法包括 Adam 和 RMSprop 等。本书不解释这些算法的细节。

　　在本节的示例中，仅使用了一个输入数据，但实际上存在多个输入数据。这种使用所有输入数据来更新连接参数的方法称为批量学习，一个一个地使用输入数据更新连接参数的方法称为在线学习。另外，通过使用多个但不是全部输入数据（例如其中 64 个输入数据）来更新的方法称为小批量学习，在深度学习中使用小批量学习是很常见的。

　　因此，在学习阶段重复下述过程：

　　1）和推理阶段相同，由输入求得输出。

2）根据误差函数求得预期输出与实际输出之间的误差。

3）通过反向传播求得误差对每个连接参数的微分。

4）根据每个连接参数的微分值，通过梯度下降法更新每个连接参数。

5）返回步骤 1。

上述流程可以通过图 4.7 表示。

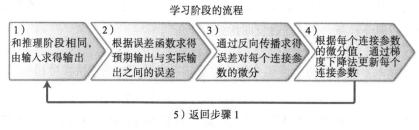

图 4.7　学习阶段的流程

在本节中，我们讲述了在深度学习的学习阶段和推理阶段要做的事情。有关本节未描述的更详细的数学内容，请参见文献 [5,6]。下一节将介绍如何使用名为 PyTorch 的包实现深度学习。

4.3　使用 PyTorch 实现 MNIST 手写数字分类任务

4.3.1　关于 PyTorch

在实现深度学习时，通常使用深度学习包。有名的包有 Caffe、TensorFlow、Keras 和 Chainer 等。Keras 是一个使得 TensorFlow 和 Caffe 等包更容易使用的 API。Chainer 是由日本的 Preferred Networks 公司开发的软件包。

PyTorch 是这些软件包的后一代产品，是最近诞生的深度学习软件包。它最初名为 Torch7 或 Torch，用 Lua 语言编写。2017 年 2 月，基于 Torch 7 和

Preferred Networks 公司的 Chainer，创建了 Python 版的包 PyTorch。

PyTorch 或 Chainer 的优点是一个名为"Define by Run"（动态计算图）的特征。"Define by Run"可以根据输入数据的大小和维数改变神经网络的形状和计算方法。例如，当数据 A 具有 4 个输入维度但数据 B 具有 5 个输入维度时，可以根据输入维度来改变神经网络的计算。在自然语言处理中，这种输入数据维度从一个数据到另一个数据不同的情况特别频繁地发生。

另一方面，诸如 TensorFlow 之类的包称为"Define and Run"（静态计算图）。由于"Define and Run"首先确定神经网络的计算方法，因此它难以应对输入数据的维度因数据而异的情况。

PyTorch 是在英语圈诞生的最新的包，引起了人们的关注。最近，有许多研究人员发表的论文中的内容是在 PyTorch 中实现的。因此，PyTorch 还具有可以立即获得最新研究的实现代码的优势。此外，还有很多 PyTorch 实现的迄今为止发表的经典深度学习算法的示例。

因此，PyTorch 具有"Define by Run"、拥有丰富的实现示例等优势，在未来将吸引越来越多的关注。因此，在本书中，我们使用 PyTorch 来实现深度强化学习。在本节中，我们用深度学习实现对手写数字图像数据（MNIST）进行分类的任务，以便习惯使用 PyTorch。

本书使用 PyTorch 0.4.0（2018 年 5 月的最新版本）。

4.3.2　准备 PyTorch 的执行环境

PyTorch 支持 macOS 和 Linux，其版本在 2018 年 4 月底升级到 0.4，支持 Windows。当访问官方网站（http://pytorch.org/）时，会提供一个界面供选择你自己的执行环境。界面上的 CUDA 是使用 NVIDIA GPU 的环境。选择环境后，将显示安装命令（见图 4.8）。这里的介绍不使用 Windows 10 的 CUDA 的环境。

图 4.8   PyTorch 的官方网站

启动 Anaconda 并在上一次你使用的虚拟环境中打开终端，然后逐个运行以下命令以安装 PyTorch 以及和 PyTorch 一起使用的 `torchvision` 包。`torchvision` 软件包主要包含使 PyTorch 更易于处理图像数据的函数。

```
conda install pytorch-cpu -c pytorch
pip install torchvision
```

这样就构建了使用 PyTorch 的环境。在上一章构建的虚拟环境中打开 Jupyter Notebook，创建一个新的 Python 程序，执行以下代码，并检查有没有错误。请注意，`import` 的名称是 `torch`，而不是 `pytorch`。

```
import torch
```

4.3.3　获取 MNIST 数据

从现在开始，由 PyTorch 来实现 MNIST（Modified National Institute of Standards and Technology）手写数字识别，在学习监督学习分类时经常用 MNIST 作为教程。MNIST 是美国统计局工作人员和高中生写的手写数字的图像数据集，提供了 60 000 个训练数据和 10 000 个测试数据。

这里想要实现的是构建一个深度神经网络，当测试数据图像输入到神经网络时，该网络将图像分类为 0 到 9 中的某个数字。如上一节所述，构造流程分为学习阶段和推理阶段。在学习阶段，基于训练数据学习神经网络的神经元之间的连接参数；在推理阶段，对测试数据的手写数字图像进行分类。

启动 Anaconda 并在上次使用的虚拟环境中打开终端，然后运行以下命令安装 scikit-learn 的库：

```
conda install scikit-learn
```

scikit-learn 是一个机器学习库。这里我们使用 scikit-learn 下载 MNIST 图像并将下载的数据分成训练数据和测试数据。你还可以使用 PyTorch 和 `torchvision` 的函数下载 MNIST 数据。但是，这样便较难理解 PyTorch 特有的数据处理方法。所以这里我们从使用 scikit-learn 下载 MNIST 并转换为 PyTorch 用的数据格式开始实现。接下来，从 Anaconda 创建一个 Jupyter Notebook 的 Python 文件并执行以下命令。

```
# 下载手写数字图像数据 MNIST

from sklearn.datasets import fetch_mldata

mnist = fetch_mldata('MNIST original', data_home=".")
# data_home参数指定保存位置
```

数据现在存储在变量 `mnist` 中。`fetch_mldata()` 下载手写数字图像数据和标签数据，但有时由于下载目标服务器的问题而无法正常工作。如果出现这种情况，请多次尝试。

4.3.4 使用 PyTorch 实现深度学习

从这里开始使用 PyTorch 来实现深度学习。这一次，我们将用最简单的版本来说明，这能最低限度地实现深度学习。使用 PyTorch 实现深度学习分为六个步骤（见图 4.9）：

1）预处理数据。

2）创建 DataLoader。

3）构建神经网络。

4）设置误差函数和优化方法。

5）设置学习和推理。

6）执行学习和推理。

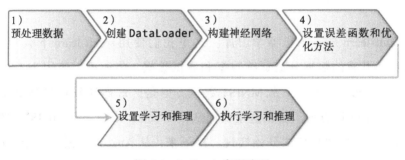

图 4.9 PyTorch 实现流程

1. 预处理数据

在数据预处理步骤中，处理数据以便可以将其输入到神经网络。在完成 MNIST 数据下载的情况下，先将下载的数据分成图像数据 x 和标签 y（0 到 9）并存储起来。由于图像数据用灰度 0 ~ 255 的数值表示，将其除以 255 以标准化为 0 ~ 1。

```
# 1.预处理数据(拆分为图像数据和标签并标准化)

X = mnist.data / 255   # 0 ~ 255 归一化为 0 ~ 1
y = mnist.target
```

让我们可视化第一个手写字符图像和标签。

```
# 可视化第一个 MNIST 数据

import matplotlib.pyplot as plt
% matplotlib inline

plt.imshow(X[0].reshape(28, 28), cmap='gray')
print(" 这一图像数据的标签是 {:.0f}".format(y[0]))
```

执行上述代码时,输出结果如图 4.10 所示。变量 X 包含 70 000 个 NumPy 格式的向量图像,图像由 28 个垂直像素 ×28 个水平像素构成,共 784 个像素。

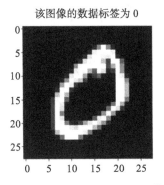

图 4.10　可视化第一个 MNIST 数据

2. 创建 DataLoader

接下来,我们将规范化的 MNIST 数据转换为一个名为 DataLoader 的变量,该变量可由 PyTorch 的神经网络处理。转换为 DataLoader 的过程包含以下 4 个步骤(见图 4.11)。

2.1 分离训练数据和测试数据。

2.2 将 NumPy 数据转换为 Tensor。

2.3 创建 Dataset。

2.4 将 Dataset 转换为 DataLoader。

图 4.11　转换为 DataLoader 的流程

转换为 DataLoader 的代码如下：

```
# 2. 创建 DataLoader

import torch
from torch.utils.data import TensorDataset, DataLoader
from sklearn.model_selection import train_test_split

# 2.1 将数据分成训练和测试（6：1）
X_train, X_test, y_train, y_test = train_test_split(
    X, y, test_size=1/7, random_state=0)

# 2.2 将数据转换为 PyTorch Tensor
X_train = torch.Tensor(X_train)
X_test = torch.Tensor(X_test)
y_train = torch.LongTensor(y_train)
y_test = torch.LongTensor(y_test)

# 2.3 使用一组数据和标签创建 Dataset
ds_train = TensorDataset(X_train, y_train)
ds_test = TensorDataset(X_test, y_test)

# 2.4 使用小批量数据集创建 DataLoader
# 与 Chainer 的 iterators.SerialIterator 类似
loader_train = DataLoader(ds_train, batch_size=64, shuffle=True)
loader_test = DataLoader(ds_test, batch_size=64, shuffle=False)
```

使用 scikit-learn 的函数 train_test_split 执行步骤 2.1 中的训练数据和测试数据的划分。这里，数据分为 60 000 个训练数据和 10 000 个测试数据。

在步骤 2.2 中，NumPy 数据被转换为可由 PyTorch 处理的类型变量，将

Numpy 转换为 PyTorch 版本的函数名为 `torch.Tensor`，使用 `torch.LongTensor` 获取标签等整数数据。虽然不太习惯 Tensor 这个词，但这不是一个复杂的概念。当只有一个数值时，它被称为标量；当数值排列在一个维度上时，它被称为向量；当数据排列成二维时，它被称为矩阵。这种多维数值表示用通用名称 Tensor 来称呼（尽管在数学上有严格的定义，但在本书中不关心）。例如，二维（二阶）Tensor 意味着矩阵。

在步骤 2.3 中，变换为 `Tensor` 的图像数据和标签数据组成 `TensorDataset`，它将图像和标签合成为一组，分别创建训练数据和测试数据。

在步骤 2.4 中，`TensorDataset` 被转换为一个名为 `DataLoader` 的形式，以便于学习和推理。`DataLoader` 指定批量大小。批量大小是指用于训练神经网络连接参数的数据块的大小。此外，在 `DataLoader` 中设置是否要随机投放数据。当前 Dataset 以 0 到 9 的升序整齐地存储，但想在训练数据上以随机顺序进行训练。因此，训练数据的 `DataLoader` 会对数据进行随机打乱。由于测试数据需求得准确率，因此无需打乱。

3. 构建神经网络

下面构建一个神经网络。这里用最简单的编写方式。与使用 TensorFlow 和 Keras 库的写法相同。在章末，我们将介绍如何编写 Chainer 样式（见 4.3.5 节）。

```
# 3. 构建网络
# 以 Keras 风格搭建网络

from torch import nn

model = nn.Sequential()
model.add_module('fc1', nn.Linear(28*28*1, 100))
model.add_module('relu1', nn.ReLU())
model.add_module('fc2', nn.Linear(100, 100))
model.add_module('relu2', nn.ReLU())
model.add_module('fc3', nn.Linear(100, 10))

print(model)
```

fc1 是一个具有 $28 \times 28 \times 1 = 784$ 个输入的层，并将其输出到 100 个神经元。这里，颜色信息不是 RGB 而是灰度，只有 1 个通道。全部的 784 个输入神经元和输出的 100 个神经元都被连接起来（称为全连接层）。relu1 通过 ReLU 转换 fc1 的 100 个神经元的输出。ReLU 是输入为负时输出 0、输入为正时直接输出的单元。接下来，添加由 100 个输入－输出神经元组成的 fc2 层，并在 relu2 中通过 ReLU 进行转换。最后，fc3 层有 10 个神经元，输出对应于标记的 0~9。每层神经元的数量和层的深度（数量）将通过反复试错来确定。在这里，我们构建了由输入层（784 个神经元）、中间层 fc1（100 个神经元）、中间层 fc2（100 个神经元）和输出层 fc3（10 个神经元）组成的深度神经网络。

4. 设置误差函数和优化方法

接下来，设置网络的误差函数和学习方法。

误差函数确定如何计算神经网络的输出与作为实际正确答案的期望输出之间的误差。对于这里的分类问题，我们使用交叉熵作为误差函数。

优化方法确定用何种算法更新并学习神经网络的连接参数。这里，采用梯度下降法中的 Adam 算法。在以下代码中，lr 表示学习率。

```
# 4. 设置误差函数和优化方法

from torch import optim

# 设置误差函数
loss_fn = nn.CrossEntropyLoss()  # 很多时候使用 criterion 作为变量名

# 选择学习权重参数时的优化方法
optimizer = optim.Adam(model.parameters(), lr=0.01)
```

5. 设置学习和推理

下面，设置学习和推理的行为。将分别给出设置学习和推理的行为的代码。

```
# 5. 设置学习和推理
# 5.1 定义学习 1 轮所做的事情


def train(epoch):
    model.train()  # 将网络切换到训练模式

    # 从数据加载器中取小批量数据进行计算
    for data, targets in loader_train:

        optimizer.zero_grad()  # 初始梯度设置为 0
        outputs = model(data)  # 输入数据并计算输出
        loss = loss_fn(outputs, targets)  # 计算输出和训练数据标签之间的
                                            误差

        loss.backward()  # 对误差进行反向传播
        optimizer.step()  # 更新权重

    print("epoch{}：结束\n".format(epoch))
```

在学习步骤中，输入训练数据并求得其输出。之后，根据误差函数计算输出和正确答案之间的误差，反向传播误差，最后对训练参数进行更新。在推理步骤中，输入测试数据并求取其输出，计算与实际正确答案匹配的比例。

函数 train 的 epoch 参数意味着使用数据进行第 epoch 轮试验。在本节示例中，1 批使用 64 个数据组成小批量数据进行学习。如果在 1 批中使用所有数据，则执行 1 批便结束 1 轮训练周期。

这里有一些注意点。在学习时，执行 model.train() 以使网络进入学习模式。在推理时，执行 model.eval() 以切换到推理模式。这在我们这次构建的网络中不是必需的，但是在使用诸如 dropout（随机失活）和 Batch Normalization（批标准化）之类的深度学习方法时是必要的。在训练时，每次使用 optimizer.zero_grad() 重置反向传播的初始值。

```
# 5. 设置学习和推理
# 5.2 定义一次推理中要做的事情
```

```
def test():
    model.eval()  # 将网络切换到推理模式
    correct = 0

    # 从数据加载器中取小批量数据进行计算
    with torch.no_grad():  # 输入数据并计算输出
        for data, targets in loader_test:

            outputs = model(data)  # 找到概率最高的标签

            # 推论
            _, predicted = torch.max(outputs.data, 1)  # 找到概率最高的标签
            correct += predicted.eq(targets.data.view_as(predicted)).sum()
                            # 如果计算结果和标签一致，则计数加一

    # 输出正确答案率
    data_num = len(loader_test.dataset)  # 数据的总数
    print('\n 测试数据的准确率  : {}/{} ({:.0f}%)\n'
        .format(correct, data_num, 100. * correct / data_num))
```

进行推理的 test 函数计算正确答案的百分比。with torch.no_grad()：是"不需要微分"的设置，因为推理无需反向传播。

6. 执行学习和推理

最后，学习网络连接参数，并在学习之后求测试数据的准确率。但首先，让我们在未学习的情况下推理测试数据。请执行以下代码。

```
# 让我们在未学习的情况下推理测试数据
test()
```

当执行上述单元时，输出的准确率约为 10%，例如"测试数据的准确率：1051/10000（11%）"。由于我们尚未学习连接参数，因此其结果几乎与我们随机选择 10 个数字相同。

接下来，让我们学习神经网络的连接参数，并再次从测试数据中推理。这次，对 60 000 个训练数据进行 3 轮学习。通常，除了训练数据和测试数据之外，还要准备验证数据，每轮中监测验证数据和训练数据的误差函数值和准确率，每轮还要输出学习的进度，整个学习过程仅学习适当轮数。由于这里实现

的是最简单版本，省略了此部分并仅学习 3 轮。

```
# 6．执行学习和推理
for epoch in range(3):
    train(epoch)

test()
```

然后，得到类似图 4.12 所示的输出。在学习之后，准确率约为 95%，可以粗略地识别手写数字。

```
In [9]:  # 让我们在未学习的情况下推理测试数据
         test()

         测试数据的准确率：1105/10000(11%)

In [10]: # 6. 执行学习和推理
         for epoch in range(3):
             train(epoch)

         test()

         epoch0: 结束
         epoch1: 结束
         epoch2: 结束

         测试数据的准确率：9546/10000(95%)
```

图 4.12　学习后的输出结果

如果要推理特定图像数据，请执行以下操作。

```
# 例如，推理第 2018 个图像数据

index = 2018

model.eval()    # 将网络切换到推理模式
data = X_test[index]
output = model(data)    # 输入数据并计算输出
_, predicted = torch.max(output.data, 0)    # 查找最大概率的标签

print("预测结果是{}".format(predicted))

X_test_show = (X_test[index]).numpy()
plt.imshow(X_test_show.reshape(28, 28), cmap='gray')
print(" 这一图像数据的正确标签是 {:.0f}".format(y_test[index]))
```

在为推理创建的函数 test 中 _, predict = torch.max(output. data, 1) 用于获取输出标签，但这次 _, predict = torch.max(output. data, 0) 中的第二个参数从 1 变成了 0。这是因为函数 test 从多个图像组成的小批量中推理，而上述单元仅针对一个图像进行推理。

神经网络的预测输出为 7，正确答案为 7（见图 4.13）。以上是由 PyTorch 实现的最简单版本的深度学习。

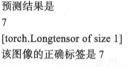

预测结果是
7
[torch.Longtensor of size 1]
该图像的正确标签是 7

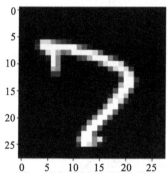

图 4.13　学习后一幅图像的输出结果

4.3.5　关于如何使用 PyTorch 的补充

在本节前面的示例中，网络构造以 Keras 风格实现，但是如果要根据 Chainer 之类的输入实现灵活的计算，请按如下所示进行更改。" Define by Run" 的特点是指模型可以根据输入数据 x 更改 forward 计算方式。

```
# 3. 构建网络
# 神经网络的设置（Chainer 风格）
import torch.nn as nn
import torch.nn.functional as F
```

```
class Net(nn.Module):

    def __init__(self, n_in, n_mid, n_out):
        super(Net, self).__init__()
        self.fc1 = nn.Linear(n_in, n_mid)    # 与 Chainer 不同，PyTorch 中 None 不被接受
        self.fc2 = nn.Linear(n_mid, n_mid)
        self.fc3 = nn.Linear(n_mid, n_out)

    def forward(self, x):
        # forward 可以改变，以匹配输入 x
        h1 = F.relu(self.fc1(x))
        h2 = F.relu(self.fc2(h1))
        output = self.fc3(h2)
        return output


model = Net(n_in=28*28*1, n_mid=100, n_out=10)    # 创建网络对象
print(model)
```

如上所述，本章讲述了深度学习，使用 PyTorch 实现了对 MNIST 手写数字图像进行分类的深度学习模型。下一章将实现深度强化学习 DQN。

参考文献

[1] McCulloch, Warren S., and Walter Pitts. "A logical calculus of the ideas immanent in nervous activity." The bulletin of mathematical biophysics 5.4 (1943) : 115-133.

[2] Rosenblatt, Frank. "The perceptron: a probabilistic model for information storage and organization in the brain." Psychological review 65.6 (1958) : 386.

[3] Rumelhart, David E., Geoffrey E. Hinton, and Ronald J. Williams. "Learning representations by back-propagating errors." nature 323.6088 (1986) : 533.

[4] Hinton, Geoffrey E., and Ruslan R. Salakhutdinov. "Reducing the dimensionality of data with neural networks." science 313.5786 (2006) : 504-507.

[5] これならわかる深層学習入門（著）瀧 雅人 講談社

[6] 深層学習（著）Ian Goodfellow ら KADOKAWA

第 5 章

深度强化学习 DQN 的实现

5.1 深度强化学习 DQN（深度 Q 网络）的说明

5.1.1 表格表示问题

深度强化学习是一种使用深度学习进行强化学习的方法。但是，即使深度学习能够被用于强化学习，我认为也不会一开始就想到这么做。让我们回顾第 2 章和第 3 章中实现的表格表示的强化学习，考虑 Q 学习算法。

在表格表示的 Q 学习中，表格行号对应于智能体的状态，列号对应于智能体的动作。表格中存储的是动作价值 $Q(s, a)$。

在迷宫任务中，智能体的状态是指所在的方块的位置，在倒立摆任务 CartPole 中，它表示对四个变量分别进行离散化并转换成的数字值。动作价值 $Q(s_t, a_t)$ 是在时刻 t、状态 s_t 下采取动作 a_t 时将获得的折扣奖励总和。

表格表示的 Q 学习的问题是，随着状态变量的类型数量增加，如果每个变量被精细地离散化，则表格中的行数会变得很大。例如，当以图像作为状态时，每个像素对应于状态变量，状态变量的数量变得非常大。50 像素的方形图像将具有多达 2500 个状态变量。为了使用包含许多行的表格表示来适当地进行强化学习，需要做大量的试验。因此，用表格表示的强化学习解决具有大量状态的任务是不现实的。

我们使用深度学习来解决"当存在许多状态变量时难以通过表格表示进行强化学习"的问题。

5.1.2　深度强化学习 DQN 的说明

为了实现具有多个状态变量的强化学习，我们将不以表格形式表示动作价值函数，而采用深度神经网络表示动作价值函数。

神经网络的输入是每个状态变量的值。因此，神经网络输入层中的神经元数量与状态变量的数量相同。例如，CartPole 有位置、速度、角度和角速度这四个变量，因此有 4 个输入神经元。输入神经网络时不需要离散化。输出层中的神经元数是动作类型的数量。在 CartPole 中，有两种类型的输出，分别表示向右推动或向左推动。

输出层中神经元输出的值是动作价值函数 $Q(s_t, a_t)$ 的值。也就是说，它输出在采用对应于该神经元的动作之后所获得的折扣奖励总和。然后，通过比较输出层各神经元输出的折扣奖励和来确定行动。换句话说，在这种情况下，深度学习不是像第 4 章中介绍的 MNIST 手写分类那样的分类问题，而是一个回归问题，需要求取具体的数值。

接下来要理解的是如何学习神经元之间的连接参数以便实现能够输出动作价值函数的神经网络。换句话说，就是如何设置适合通过反向传播进行学习的误差函数。这里我们使用 Q 学习算法。

更新 Q 学习动作价值函数 Q 的公式如下所示：

$$Q(s_t, a_t) = Q(s_t, a_t) + \eta * (R_{t+1} + \gamma \max_a Q(s_{t+1} + a) - Q(s_t, a_t))$$

使用此更新公式的原因是，希望最终能保持由以下公式表示的关系：

$$Q(s_t, a_t) = R_{t+1} + \gamma \max_a Q(s_{t+1}, a)$$

因此，例如如果在时间 t 的状态 s_t 下采用动作 a_t，则输出层的神经元输出的值是 $Q(s_t, a_t)$，学习以使该输出值和 $R_{t+1} + \gamma \max_a Q(s_t, a_t)$ 接近。只需使用平方误差函数，计算实际输出与想要的值之间的差值，并将其平方值作为误差。也就是说，误差函数是：

$$E(s_t, a_t) = (R_{t+1} + \gamma \max_a Q(s_{t+1}, a) - Q(s_t, a_t))^2$$

但是，由于状态 s_{t+1} 实际上是由 s_t 状态下采取动作 a_t 后求得的，要通过将状态 s_{t+1} 输入神经网络来获得 $\max_a Q(s_{t+1}, a)$ 的值。

上述过程是使用深度学习来表示强化学习的动作价值函数的基本方法，称为 DQN（Deep Q-Network，深度 Q 网络）。以上内容可用图 5.1 表示出来。

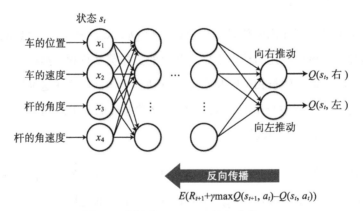

图 5.1　倒立摆 CartPole 任务中的 DQN

5.2 实现 DQN 的四个要点

本节将介绍实现 DQN 的注意事项。为了使 DQN 能稳定学习，实现时需要注意四个要点[1]。

第一个要点是一种称为经验回放（experience replay）的技术。不像表格表示的 Q 学习那样，DQN 不是每一步都学习该步的内容（experience），而是将每个步骤的内容存储在经验池中并随机从经验池中提取内容（replay）让神经网络学习。每个步骤的内容也称为转换（transition）。

当在每个步骤学习该步骤的内容时，神经网络连续地学习时间上相关性高的内容（时间 t 的学习内容和时间 $t+1$ 的学习内容非常相似），从而出现连接参数难以稳定的问题。经验回放是一种解决此问题的策略。此外，借助经验回放，可以使用经验池中多个步骤的经验，这就可以使用小批量学习来训练神经网络。

第二个要点是一种称为固定目标 Q 网络（Fixed Target Q-Network）的方法。有两种类型的神经网络：确定动作的主网络（main-network）和计算误差函数时确定动作价值的目标网络（target-network）。

在 DQN 中更新价值函数 $Q(s_t, a)$ 时，如果用 Q 学习算法更新动作价值函数，需要下一个时刻的状态 s_{t+1} 处的价值函数 $Q(s_{t+1}, a)$。换句话说，必须使用相同的 Q 函数来更新。然而，如果这两个是相同的 Q 函数，则会出现 Q 函数的更新学习趋于不稳定的问题。因此，当要求更新所需的 $\max_a Q(s_{t+1}, a)$ 时，使用一段时间之前的另一个 Q 函数（固定目标 Q 网络）来计算。

一段时间之前的另一个 Q 函数意味着神经网络的连接参数的学习比最新版本更早。这里的术语"一段时间之前"并不是指强化学习的问题对象所处的时间，而是指更新神经网络的连接参数所处的时间。因此，目标网络将被主网络周期性地覆盖。

然而，在本章中，优先考虑简单性，就暂时不提供正确实现 Fixed Target Q-Network 作为目标网络的算法，而是采用主网络的小批量学习方法。第 6 章将介绍真正的目标 Q 网络的实现。

第三个要点是奖励的裁剪（clipping）。这是采用将在每个步骤中获得的奖励固定为 –1、0 或 1 的方法。它具有以下优点：无论任务内容（学习目标）如何，都可以使用相同的超参数来执行 DQN。

第四个要点是使用 Huber 函数而不是平方误差函数来计算错误。如图 5.2 所示，Huber 函数是一个这样的函数：当想要的值和实际输出之间的差值在 –1 ~ 1 之间时，它取平方误差值；当小于 –1 或大于 1 时，取误差的绝对值。

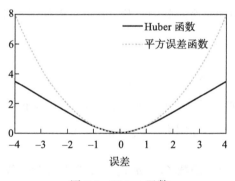

图 5.2　Huber 函数

当误差很大时，使用平方误差会导致误差函数的输出过大，从而导致学习难以稳定的问题。Huber 函数是解决此问题的策略。

以上四点（经验回放、固定目标 Q 网络、奖励的裁剪和 Huber 函数）是实现 DQN 的四个关键思路。

5.3　实现 DQN（上）

本节实现 DQN。因为代码很长，将把它分成两部分来解释，本节将介绍上半部分。

5.3.1　使用 PyTorch 实现 DQN 时需要注意的事项

在 PyTorch 中实现 DQN 时，要记住以下五点。如果了解这五点，就可以顺利理解实现过程。

第一点要注意的是实现小批量学习以实现经验回放和模拟固定目标 Q 网络。在 DQN 中，每个步骤的转换（状态 s_t，动作 a_t，下一个状态 s_{t+1}，奖励 r_{t+1}）存储在经验池中。小批量指的是从该经验池中随机地取出多个步骤的转换数据块。这里需要注意的是，因为当杆掉落或连续站立 200 步时游戏结束，此时不存在下一个状态 s_{t+1}，因此，需要根据下一个状态是否存在来改变其处理方式，有必要针对这种情况设计实现方法。

如上一节所述，本章的实现优先考虑简单性，因此不使用正确实现的固定目标 Q 网络算法的目标 Q 网络，而使用相同的主网络。

第二点要注意的是使用 PyTorch 处理小批量数据。PyTorch 可以有效地处理小批量数据，需要熟悉其方法。

第三点要注意的是变量的类型。与第 4 章中 PyTorch 实现示例中介绍的 MNIST 任务不同，DQN 在 OpenAI Gym 的 CartPole 和 PyTorch 的神经网络之间传输数据。CartPole 处理类型为 NumPy 的变量，而 PyTorch 使用 Tensor 类型 `Torch.Tensor` 来处理变量。因此，在实现中要小心，许多时候需要在 NumPy 和 Tensor 之间进行类型转换。

第四点要注意的是变量的大小。特别需要注意 `Torch.Tensor` 的大小。对于 `size 1` 和 `size 1×1` 等，可作为相同情况处理，但在小批量学习时需要转换 Tensor 的大小。

第五点要注意的是使用 `namedtuple`。使用 `namedtuple` 可以命名并保存 CartPole 观察到的状态变量值，更容易进行处理。这一点将在实现部分详细介绍。

如果了解了这五点，将更容易理解我们将要讨论的实现过程。

5.3.2 DQN 的实现

像以前一样启动 Anaconda，并在安装了 PyTorch 的虚拟环境中启动 Jupyter Notebook。

第一个代码块声明要使用的包。

```
# 包导入
import numpy as np
import matplotlib.pyplot as plt
%matplotlib inline
import gym
```

下一个代码块声明 `display_frames_as_gif` 函数，该函数在 Jupyter Notebook 中显示和保存动画。与第 3 章介绍的相同，只要更改保存的文件名。

```
# 声明动画的绘图函数
# 参考URL http://nbviewer.jupyter.org/github/patrickmineault
# /xcorr-notebooks/blob/master/Render%20OpenAI%20gym%20as%20GIF.ipynb
from JSAnimation.IPython_display import display_animation
from matplotlib import animation
from IPython.display import display


def display_frames_as_gif(frames):
    """
    Displays a list of frames as a gif, with controls
    """
```

```
plt.figure(figsize=(frames[0].shape[1]/72.0, frames[0].shape[0]/72.0),
           dpi=72)
patch = plt.imshow(frames[0])
plt.axis('off')

def animate(i):
    patch.set_data(frames[i])

anim = animation.FuncAnimation(plt.gcf(), animate, frames=len(frames),
                               interval=50)

anim.save('movie_cartpole_DQN.mp4')  # 视频保存的文件名
display(display_animation(anim, default_mode='loop'))
```

然后，实现一个 `namedtuple` 用例。

```
# 此代码使用 namedtuple。
# 你可以使用 namedtuple 与字段名称成对存储值。
# 按字段名称访问值很方便。
# https://docs.python.jp/3/library/collections.html#collections.
  namedtuple
# 以下是一个用法示例

from collections import namedtuple

Tr = namedtuple('tr', ('name_a', 'value_b'))
Tr_object = Tr(' 名称为 A ', 100)

print(Tr_object)  # 输出: tr(name_a=' 名称为 A', value_b=100)
print(Tr_object.value_b)  # 输出: 100
```

执行上述代码块时，输出如图 5.3 所示。在图 5.3 中，' 名称为 A' 对应于 100，使用 `namedtuple` 转换 `Tr_object`，其键名为 `name_a`、`value_b`，可以通过键名访问每个值。使用 `namedtuple` 转换每个步骤的 transition，以便在实现 DQN 时更容易访问状态和动作值。

然后我们声明一个 `Transition`，它是我们实际使用的 `namedtuple`。通过使用此 `Transition`，输入 4 个数值时，可以通过 `state`、`action`、`next_state` 和 `reward` 调用每个值。

```
# 生成 namedtuple
from collections import namedtuple
```

```
Transition = namedtuple(
    'Transition', ('state', 'action', 'next_state', 'reward'))
```

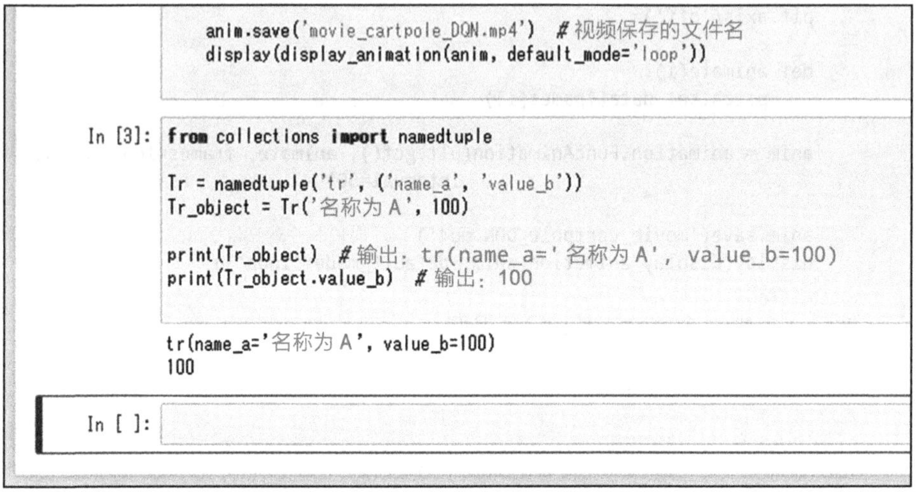

```
                    anim.save('movie_cartpole_DQN.mp4')  # 视频保存的文件名
                    display(display_animation(anim, default_mode='loop'))


In [3]:   from collections import namedtuple

          Tr = namedtuple('tr', ('name_a', 'value_b'))
          Tr_object = Tr('名称为 A', 100)

          print(Tr_object)  # 输出：tr(name_a=' 名称为 A', value_b=100)
          print(Tr_object.value_b)  # 输出：100


          tr(name_a='名称为 A', value_b=100)
          100


In [ ]:
```

图 5.3　namedtuple 的使用示例

接下来，声明此次使用的常量。

```
# 常量的设定
ENV = 'CartPole-v0'  # 要使用的任务名称
GAMMA = 0.99  # 时间折扣率
MAX_STEPS = 200  # 1 次试验中的 step 数
NUM_EPISODES = 500  # 最大尝试次数
```

接下来，为了实现小批量学习，我们定义了内存类 ReplayMemory 来存储经验数据。ReplayMemory 准备了一个函数 push，用于保存该步骤中的 transition（作为经验）还包括一个随机选择 transition 的函数 sample。它还定义函数 len 以返回当前存储的 transition 数。在内存类中，如果存储的 transition 数大于常量 CAPACITY，则将索引返回到前面并覆盖旧内容。

```
# 定义用于存储经验的内存类


class ReplayMemory:
```

```python
def __init__(self, CAPACITY):
    self.capacity = CAPACITY  # 下面 memory 的最大长度
    self.memory = []  # 存储过往经验
    self.index = 0  # 表示要保存的索引

def push(self, state, action, state_next, reward):
    '''将transition = (state, action, state_next, reward)保存在存储器中'''

    if len(self.memory) < self.capacity:
        self.memory.append(None)  # 内存未满时添加

    # 使用 namedtuple 对象 Transition 将值和字段名称保存为一对
    self.memory[self.index] = Transition(state, action, state_next, reward)

    self.index = (self.index + 1) % self.capacity  # 将保存的 index 移动一位

def sample(self, batch_size):
    ''' 随机检索 Batch_size 大小的样本并返回 '''
    return random.sample(self.memory, batch_size)

def __len__(self):
    ''' 返回当前 memory 的长度 '''
    return len(self.memory)
```

接下来，实现 Brain 类，这是 DQN 的核心。在第 3 章解释的表格表示的 Q 学习中，Brain 类有一个表，但这里有一个神经网络，使用函数 replay 和函数 decision_action。函数 replay 从内存类中获取小批量数据，学习神经网络连接参数，并更新 Q 函数。函数 decision_action 遵循 ε- 贪婪法，返回随机选取的动作或在当前状态下具有最高 Q 值的动作的索引 index。

Brain 类有点长。乍一看很难理解，在代码中有部分注释。本来应当将函数分成更小的部分，我们将在第 6 章中介绍，以便可以轻松地理解流程。

```python
# 这是一个成为智能体大脑的类，执行 DQN
# 将 Q 函数定义为深度学习网络

import random
import torch
from torch import nn
from torch import optim
import torch.nn.functional as F

BATCH_SIZE = 32
CAPACITY = 10000
```

```
class Brain:
    def __init__(self, num_states, num_actions):
        self.num_actions = num_actions  # 获取 CartPole 的 2 个动作 (向左或向右)

        # 创建存储经验的对象
        self.memory = ReplayMemory(CAPACITY)
        # 构建一个神经网络
        self.model = nn.Sequential()
        self.model.add_module('fc1', nn.Linear(num_states, 32))
        self.model.add_module('relu1', nn.ReLU())
        self.model.add_module('fc2', nn.Linear(32, 32))
        self.model.add_module('relu2', nn.ReLU())
        self.model.add_module('fc3', nn.Linear(32, num_actions))

        print(self.model)  # 输出网络的形状

        # 最优化方法的设定
        self.optimizer = optim.Adam(self.model.parameters(), lr=0.0001)

    def replay(self):
        ''' 通过 Experience Replay 学习网络的连接参数 '''

        # -----------------------------------------
        # 1. 检查经验池大小
        # -----------------------------------------
        # 1.1 经验池大小小于小批量数据时不执行任何操作
        if len(self.memory) < BATCH_SIZE:
            return

        # -----------------------------------------
        # 2. 创建小批量数据
        # -----------------------------------------
        # 2.1 从经验池中获取小批量数据
        transitions = self.memory.sample(BATCH_SIZE)

        # 2.2 将每个变量转换为与小批量数据对应的形式
        # 得到的 transitions 存储了一个 BATCH_SIZE 的 (state, action,
          state_next, reward)
        # 即 (state, action, state_next, reward) × BATCH_SIZE
        # 想把它变成小批量数据。换句话说
        # 设为 (state×BATCH_SIZE, action×BATCH_SIZE, state_next×BATCH_SIZE, reward×
          BATCH_SIZE)
        batch = Transition(*zip(*transitions))

        # 2.3 将每个变量的元素转换为与小批量数据对应的形式
        # 例如, 对于 state, 形状为 [torch.FloatTensor of size 1x4]
        # 将其转换为 torch.FloatTensor of size BATCH_SIZE x 4
        # cat 是指 Concatenates (连接)
```

```
state_batch = torch.cat(batch.state)
action_batch = torch.cat(batch.action)
reward_batch = torch.cat(batch.reward)
non_final_next_states = torch.cat([s for s in batch.next_state
                                   if s is not None])


# -----------------------------------------
# 3. 求取 Q (s_t, a_t) 值作为监督信号
# -----------------------------------------
# 3.1 将网络切换到推理模式
self.model.eval()

# 3.2 求取网络输出的 Q (s_t, a_t)
# self.model (state_batch) 输出左右两个 Q 值。
# 成为 [torch.FloatTensor of size BATCH_SIZEx2]。
# 为了求得与此处执行的动作 a_t 对应的 Q 值，求取由 action_batch 执行的
#   动作 a_t 是向右还是向左的 index
# 用 gather 获得相应的 Q 值。
state_action_values = self.model(state_batch).gather(1, action_batch)

# 3.3 求取 max {Q (s_t + 1, a)} 值。但是，请注意以下状态

# 创建索引掩码以检查 cartpole 是否未完成且具有 next_state
non_final_mask = torch.ByteTensor(
    tuple(map(lambda s: s is not None, batch.next_state)))
# 首先全部设置为 0
next_state_values = torch.zeros(BATCH_SIZE)

# 求取具有下一状态的 index 的最大 Q 值
# 访问输出并通过 max() 求列方向最大值的 [value, index]
# 并输出其 Q 值 (index = 0)
# 用 detach 取出该值
next_state_values[non_final_mask] = self.model(
    non_final_next_states).max(1)[0].detach()

# 3.4 从 Q 公式中求取 Q (s_t, a_t) 值作为监督信息
expected_state_action_values = reward_batch + GAMMA * next_state_values

# -----------------------------------------
# 4. 更新连接参数
# -----------------------------------------
# 4.1 将网络切换到训练模式
self.model.train()

# 4.2 计算损失函数（smooth_l1_loss 是 Huberloss）
# expected_state_action_values 的 size 是 [minbatch]，通过
# unsqueeze 得到 [minibatch x 1]
```

```
loss = F.smooth_l1_loss(state_action_values,
                        expected_state_action_values.unsqueeze (1))

# 4.3 更新连接参数
self.optimizer.zero_grad() # 重置渐变
loss.backward() # 计算反向传播
self.optimizer.step() # 更新连接参数

def decide_action(self, state, episode):
    ''' 根据当前状态确定动作 '''
    # 采用 ε- 贪婪法逐步采用最佳动作
    epsilon = 0.5 * (1 / (episode + 1))

    if epsilon <= np.random.uniform(0, 1):
        self.model.eval() # 将网络切换到推理模式
        with torch.no_grad():
            action = self.model(state).max(1)[1].view(1, 1)
        # 获取网络输出最大值的索引 index = max ( 1 ) [1]
        # .view ( 1,1 ) 将 [torch.LongTensor of size 1] 转换为 size 1x1 大小

    else:
        # 随机返回 0、1 的动作
        action = torch.LongTensor(
            [[random.randrange(self.num_actions)]]) # 随机返回 0、1 的动作
        # action 的形式为 [torch.LongTensor of size 1x1]

    return action
```

初始化函数 init 生成 ReplayMemory 类的对象和神经网络。此外，更新神经网络的连接参数的优化方法为 Adam。

函数 replay 执行了以下四个步骤。

1）检查经验池大小。

2）创建小批量数据。

3）求取将成为监督信息的 $Q(s_t, a_t)$ 值。

4）更新连接参数。

用图的形式整理一下，则如图 5.4 所示。

1）检查经验池大小，即检查 ReplayMemory 的大小。如果经验池存储

的经验量不超过批大小，则处理结束。

2）在小批量数据创建中，从经验池中获取批大小的 `transition`。然后将它转换为可以由 PyTorch 处理的数据。

3）求取要作为监督信息的 $Q(s_t, a_t)$ 值，计算想要逼近的值 $Q(s_t, a_t)=R_{t+1}+\gamma*\max_a Q(s_{t+1}, a)$。在这种情况下，请注意该过程会根据是否存在下一个状态而更改。

最后，在步骤 4（更新连接参数）中，通过误差函数计算输出的 $Q(s_t, a_t)$ 和步骤 3 中求得的 $Q(s_t, a_t)$ 之间的误差，更新网络的连接参数以接近步骤 3 中获得的值。

函数 `replay` 的流程	
1. 检查经验池大小	1.1 当经验池大小小于小批量数据时，不执行任何操作
2. 创建小批量数据	2.1 从经验池中获取小批量数据
	2.2 将每个变量转换为与小批量数据对应的形式
	2.3 将每个变量的元素转换为与小批量数据对应的形式
3. 求取将成为监督信息 $Q(s_t, a_t)$ 的值	3.1 将网络切换到推理模式
	3.2 求取网络输出的 $Q(s_t, a_t)$
	3.3 求取 $\max_a Q(s_{t+1}, a)$ 值。但是，请注意是否存在下一个状态
	3.4 根据 Q 学习公式求取监督信息 $Q(s_t, a_t)$ 值
4. 更新连接参数	4.1 将网络切换到训练模式
	4.2 计算损失函数的值
	4.3 更新连接参数

图 5.4　整理函数 `replay` 所执行的步骤

下面对函数 `replay` 的四个步骤做详细说明：

1）检查 `Brain` 类对象的经验池大小，如果经验池大小小于预定的批大小，请终止该过程（1.1）。

2）创建小批量数据包含三个步骤。第一步（2.1），创建变量 `transitions`，其随机获取与批大小一样的 `transitions`（指的是（`'state'`, `'action'`, 'next_state', 'reward'))。由于 transitions 存储每一步的数据，因此不能将 transitions 视为 PyTorch 的小批量数据。下面执行两个阶段的转换。第二步（2.2），将每个变量（状态和动作等）转换为与小批量对应的形式。具体而言，(state, action, state_next, reward) × BATCH_SIZE 变为 (state × BATCH_SIZE, action × BATCH_SIZE, state_next × BATCH_SIZE, reward × BATCH_SIZE)。第三步（2.3），将每个变量（状态和动作等）的元素转换为可以小批量处理的形式。例如，在 state 中，torch.FloatTensor of size 1 × 4 有 BATCH_SIZE 个，将其转换为 torch.FloatTensor of size BATCH_SIZE × 4。Q 学习的更新公式根据是否存在下一状态或结束状态而改变。因此，我们准备一个与批大小相同的变量，它只收集下一个状态是否存在，即变量 non_final_next_states。

3）确定作为监督信息的 $Q(s_t, a_t)$ 由四个步骤组成。监督信息是想要网络输出的值。第一步（3.1），将网络切换到推理模式以从网络获取 Q 值。第二步（3.2），求网络实际输出的 $Q(s_t, a_t)$。将状态的小批量变量 state_batch 输入网络，使用函数 gather 从输出中提取对应于实际采取的动作的小批量变量 action_batch 的输出。第三步（3.3），求 $\max_a Q(s_{t+1}, a)$ 的值。但是应注意下一个状态 s_{t+1} 是否存在，如果下一个状态不存在，它将为 0。首先，创建存在下一个状态的 index 的掩码变量 non_final_mask。然后，只有下一个状态存在的 index 才能求得 $\max_a Q(s_{t+1}, a)$ 的值。第四步（3.4），将奖励的小批量变量 reward_batch 乘以时间折扣率 GAMMA，求得所希望网络输出的 $Q(s_t, a_t)$ 值。在本章中，固定目标 Q 网络被小批量学习取代。下一章将介绍如何实现固定目标 Q 网络。

用于计算监督信息的 detach() 的作用是获得网络输出的值。在 PyTorch 中，detach() 会丢失变量先前所持有的计算历史记录，并且在反向传播时不会计算导数，这一点很复杂但很重要。在连接参数的训练中，监督信息应该是固定的，因此，执行 detach() 以便不对监督信息进行微分。另一方面，不执行 detach()，以便可以对作为网络预测的实际输出 $Q(s_t, a_t)$ 进行微分。然后，求该 $Q(s_t, a_t)$ 的微分，使得该 $Q(s_t, a_t)$ 接近监督信息，更新网络的连接参数。

4）更新连接参数包含三个步骤。第一步（4.1），将网络切换到训练模式以更新连接参数。第二步（4.2），从 Huber 函数中求实际输出 $Q(s_t, a_t)$ 和步骤 3 中获得的监督信息 $Q(s_t, a_t)$ 之间的误差。F.smooth_l1_loss 是 Huber 函数。第三步（4.3），反向传播该误差以获得每组参数误差的导数值，并且通过设置更新方法（这里采用的是 Adam）以更新参数。

以上是函数 replay 的流程。

函数 decision_action 返回当前状态下具有最高 Q 值的动作的 index，同时，ε- 贪婪法能不断尝试，逐渐趋向于采用最优行为。将输出值的形式从 torch.LongTensor of size 1 转换为 size 1x1，以便可以通过小批量轻松处理。

下一节将解释其余部分的实现方法。

5.4　实现 DQN（下）

本节介绍 DQN 实现的其余部分。

定义一个 Agent 类，它是一个带有杆的小车（Cart）对象。实现内容与第 3 章表格表示的 Q 学习几乎相同。与第 3 章中 Q 学习的不同之处在于存在函数 memorize。使用此功能可将已经学过的数据（transition）存储在经验池中。其他函数与第 3 章中的表格表示的实现示例相同，但请注意参数略有不同。

```
# 这是一个在 CartPole 上运行的智能体类，它是一个带有杆的小车


class Agent:
    def __init__(self, num_states, num_actions):
        ''' 设置任务状态和动作的数量 '''
        self.brain = Brain(num_states, num_actions)
        # 为智能体生成大脑来决定他们的动作
    def update_q_function(self):
        ''' 更新 Q 函数 '''
        self.brain.replay()

    def get_action(self, state, episode):
        ''' 确定动作 '''
        action = self.brain.decide_action(state, episode)
        return action

    def memorize(self, state, action, state_next, reward):
        ''' 将 state、action、state_next 和 reward 的内容保存在经验池中 '''
        self.brain.memory.push(state, action, state_next, reward)
```

接下来，定义运行 CartPole 的环境类。基本上与第 3 章中的 Q 学习相同，
这里有一点变化。第 3 章与深度 Q 学习的主要区别在于 CartPole 的观察结果
observation 是按原样用于状态 **state** 的。不像表格表示那样进行离散化。
此外，准备一个列表，该列表存储过去 10 轮内连续站立的步数，并通过查看
其平均值使学习进度易于表示。

```
# 这是一个执行 CartPole 的环境类


class Environment:

    def __init__(self):
        self.env = gym.make(ENV)  # 设定要执行的任务
        self.num_states = self.env.observation_space.shape[0]
        # 设定任务状态和动作的数量
        self.num_actions = self.env.action_space.n  # CartPole 的动作 (向左或向右)
                                                        数为 2
        # 创建 Agent 在环境中执行的动作
        self.agent = Agent(self.num_states, self.num_actions)

    def run(self):
        ''' 执行 '''
        episode_10_list = np.zeros(10)  # 存储 10 次试验的连续站立步数，用于输出平
                                           均步数
```

```
complete_episodes = 0  # 持续站立 195 步或更多的试验次数
episode_final = False  # 最终尝试标志
frames = []  # 用于存储图像的变量, 以使最后一轮成为动画

for episode in range(NUM_EPISODES):  # 重复试验次数
observation = self.env.reset()  # 环境初始化

state = observation  # 直接使用观测作为状态 state 使用
state = torch.from_numpy(state).type(
    torch.FloatTensor)  # 将 Numpy 变量转换为 PyTorch Tensor
# FloatTensorof size 4 转换为 size 1x4
state = torch.unsqueeze(state, 0)

for step in range(MAX_STEPS):  # 1 episode (轮) 循环

    if episode_final is True:  # 在最终试验中, 将各时刻图像添加到帧中
        frames.append(self.env.render(mode='rgb_array'))

    action = self.agent.get_action(state, episode)  # 求取动作

    # 通过执行动作 a_t 求 s_{t+1} 和 done 标志
    # 从 action 中指定 .item() 并获取内容
    observation_next, _, done, _ = self.env.step(
        action.item())  # 使用 '_' 是因为在后面的流程中不适用 reward 和 info

    # 给予奖励。对 episode 是否结束以及是否有下一个状态进行判断
    if done:  # 如果 step 不超过 200, 或者如果倾斜超过某个角度, 则 done 为
                true
        state_next = None  # 没有下一个状态, 因此存储 None

        # 添加到最近的 10 轮的站立步数列表中
        episode_10_list = np.hstack(
            (episode_10_list[1:], step + 1))

        if step < 195:
            reward = torch.FloatTensor(
                [-1.0])  # 如果半途倒下, 奖励 -1 作为惩罚
            complete_episodes = 0  # 重置连续成功记录
        else:
            reward = torch.FloatTensor([1.0])  # 一直站立直到结束时奖励
                                                  为 1
            complete_episodes = complete_episodes + 1  # 更新连续记录
    else:
        reward = torch.FloatTensor([0.0])  # 普通奖励为 0
        state_next = observation_next  # 保持观察不变
        state_next = torch.from_numpy(state_next).type(
            torch.FloatTensor)  # 将 numpy 变量转换为 PyTorch Tensor
        # FloatTensor of size 4 转换为 size 1x4
        state_next = torch.unsqueeze(state_next, 0)
```

```
        # 向经验池中添加经验
        self.agent.memorize(state, action, state_next, reward)

        # 经验回放中更新 Q 函数
        self.agent.update_q_function()

        # 更新观测值
        state = state_next

        # 结束处理
        if done:
            print(
            '%d Episode: Finished after %d steps：10 次试验的平均 step 数
                = %.1lf' % (episode, step + 1, episode_10_list.mean()))
            break

    if episode_final is True:
        # 保存并绘制动画
        display_frames_as_gif(frames)
        break

    # 连续 10 轮成功
    if complete_episodes >= 10:
        print('10轮连续成功')
        episode_final = True   # 使下一次尝试成为最终绘制的动画
```

torch.unsqueeze(state, 0) 使用状态变量 state 并将 size 4 转换为 size 1x4。这是一种使其易于作为小批量处理的操作。当执行动作时，action.item() 在作为存储动作的 Tensor 变量 action 上执行，取出里面的数值并将其用作参数。

最后执行该程序。

```
# main 类
cartpole_env = Environment()
cartpole_env.run()
```

执行后，可以在 100 ~ 200 次试验后学习到一直站立的控制方法（见图 5.5）。如果不起作用，请再运行几次。使用 DQN 学习的结果动画发布在本书的支持页面[2] 上。

```
92 Episode: Finished after 118 steps : 10Average = 71.4
93 Episode: Finished after 120 steps : 10Average = 78.4
94 Episode: Finished after 85 steps : 10Average = 82.7
95 Episode: Finished after 103 steps : 10Average = 87.0
96 Episode: Finished after 112 steps : 10Average = 92.1
97 Episode: Finished after 161 steps : 10Average = 101.9
98 Episode: Finished after 200 steps : 10Average = 117.4
99 Episode: Finished after 200 steps : 10Average = 126.6
100 Episode: Finished after 200 steps : 10Average = 140.1
101 Episode: Finished after 200 steps : 10Average = 149.9
102 Episode: Finished after 200 steps : 10Average = 158.1
103 Episode: Finished after 200 steps : 10Average = 166.1
104 Episode: Finished after 200 steps : 10Average = 177.6
105 Episode: Finished after 200 steps : 10Average = 187.3
106 Episode: Finished after 200 steps : 10Average = 196.1
107 Episode: Finished after 200 steps : 10Average = 200.0
10轮连续成功
108 Episode: Finished after 200 steps : 10Average = 200.0
```

图 5.5　在 CartPole 任务上运行 DQN 的结果

到目前为止，本章描述了深度强化学习中的 DQN，介绍并解释了如何为 CartPole 任务实现 DQN。下一章将介绍最近的深度强化学习算法，并实现深度强化学习的改进版本。

参考文献

[1] Mnih, Volodymyr, et al. "Human-level control through deep reinforcement learning." Nature 518.7540 (2015) : 529-533.

[2] 本書サポートページ
https://github.com/YutaroOgawa/Deep-Reinforcement-Learning-Book

第 6 章

实现深度强化学习的改进版

6.1 深度强化学习算法发展图

在本章中，我们将介绍在 DQN 之后发表的深度强化学习的代表性算法，并在用它们解决 CartPole 时加以解释。

图 6.1 是 DQN 之后深度强化学习的算法发展图，展示了"可用的算法"和"应该以什么顺序学习"。虽然这方面已经发表的研究非常多，但本书按作者的理解选取了一些作者认为非常重要和有用的算法。在本书中，对虚线框内的算法仅仅做一个介绍，而对实线框内的算法将介绍其实现过程。

第 2 章介绍了图 6.1 最左边一栏中没有采用深度学习的基础强化学习方法。在迷宫任务中，我们实现了策略迭代法 (REINFORCE)、Sarsa 和 Q 学习。第 4 章介绍了深度学习。第 5 章实现了 DQN，它用深度神经网络表达动作价值函数 $Q(s, a)$。

本节介绍 DQN 之后的算法。要介绍的第一个算法是 DDQN（双重 DQN）[1]。DDQN 是双重 Q 学习和 DQN 的组合。Q 学习和 DQN 学习动作价

值函数 $Q(s, a)$，有必要使用一个动作价值函数 Q 来更新另一个动作价值函数 Q，这是导致学习不稳定的一个因素。因此，DDQN 使用两个网络来更新作为价值函数的 Q 函数。6.2 节描述了 DDQN 的实现。

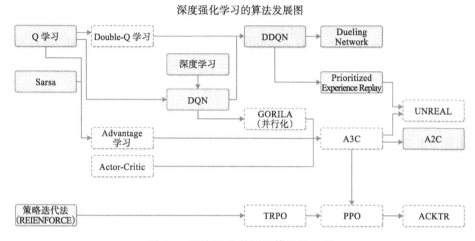

深度强化学习的算法发展图

图 6.1　深度强化学习的算法发展图

下一个要介绍的算法是 Dueling Network [2]。Dueling Network 是一种在动作价值函数的输出层之前增加一层，用于输出状态价值 $V(s)$ 和优势函数 $A(s, a)=Q(s, a)-V(s)$ 的方法。在学习状态价值 $V(s)$ 时设计神经元，使其能独立于动作而学习状态价值 $V(s)$，具有提高学习性能的优点。这里的 $V(s)$ 不是所采用的具有最高动作价值的动作的 Q 值，而是所有动作的平均 Q 值。6.3 节描述 Dueling Network 的实现。

优先经验回放（Prioritized Experience Replay）[3] 是一种对 DQN 和 DDQN 的"经验回放"进行优化的技术。第 5 章中实现的 DQN 从经验池中随机提取用于学习连接参数的 `transition`。优先经验回放并不是随机提取 `transition`，而是根据优先级顺序提取，优先级的排序标准是网络输出与监督信息的差，具体来说，使用 $R_{t+1}+\gamma\max_a Q_t(s_{t+1}, a)-Q(s_t, a_t)$ 的绝对值。如果该绝对值很大，则意味着对于该动作价值函数 $Q(s_t, a_t)$ 学习不到位，因此在 `replay` 时优先提取

它。相反，如果绝对值很小，说明学习情况较好，那么在 replay 过程中降低
其被提取的概率。像这样对于学习不到位的部分优先学习的 replay 算法就是
优先经验回放。6.4 节描述了其实现过程。

在 DQN 之后，A3C 作为深度强化学习的划时代算法引起了人们的关
注 [4]。A3C 是 Asynchronous Advantage Actor-Critic 的缩写。A3C 是一种
算法，结合了英文以 A 开头的三个想法。第一个 A 表示 Asychronous（异
步）。确切地说，它是一个异步分布式学习系统。在 A3C 发表之前，提出过
一种称为 GORILA（General Reinforcement Learning Architecture，通用强
化学习框架）的方法 [5]。与仅有一个智能体的传统 DQN 不同，GORILA 为
分布式学习设计了多个智能体。A3C 遵循这一流程，设计了多个智能体进
行强化学习。第二个 A 表示 Advantage（优势）。Q 学习进行更新时，使用
1 步后的状态进行更新，但这里使用 2 步或更多步后的状态进行更新，这种
学习方法称为 Advantage 学习。第三个 A 表示 Actor-Critic，第 2 章解释了
强化学习包括策略迭代法和价值迭代法，Actor-Critic 是策略迭代法和价值
迭代法的结合。Actor 是一个输出策略的函数，Critic 是一个输出价值的函数。
Actor-Critic 同时使用这两个函数。

通过组合上述三种方法实现了 A3C 的算法。

A3C 是一种异步分布式学习算法，其优点是即使在 CPU 上也能运行得很
快。但是，由于是异步的，存在与 GPU 的交互效率低的问题。为了解决这个
问题，由于某些情况下第一个 A 的 Asynchronous（异步）并不一定重要，研究
者发表了一个名为 A2C 的算法 [6]。与 A3C 一样，它使用多个智能体，但不是
异步的，多个智能体共享一个神经网络。6.5 节将实现 A2C。

像 A3C 和 A2C 这样使用多个智能体的算法主要有两个优点。首先，它很
容易将强化学习应用于现实世界中，当对现实世界中的机器人等而不是在 PC

的模拟环境中应用强化学习时，使用多个机器人来减少学习时间是很重要的。第二个优点是不必使用经验回放。在诸如 DQN 等只有一个智能体的算法中，连续的 transition 在内容上相似导致学习难以稳定。因此，DQN 等使用经验回放来随机地在经验池中对 transition 进行采样。而使用多智能体的算法中，多个智能体各自创建自己的 transition，从而消除了对经验回放的需求。因此，也可以使用 RNN（递归神经网络）和 LSTM（长短期记忆）等深度神经网络。在 A3C 和 A2C 中使用 RNN 和 LSTM 的具体细节不在本书的讨论范围内，因此不详细描述。

此外，尽管在本书中未实现和说明，但自 A3C 和 A2C 以来已经发表了各种各样的方法。UNREAL 是 "联合监督的强化和辅助学习"（UNsupervised REinforcement and Auxiliary Learning）的缩写 [7]。Auxiliary 在英语中是 "辅助" 的意思。A3C 网络包含的辅助任务与原始学习任务略有不同，通过学习网络的连接参数以便可以成功执行辅助任务，也可以成功地完成原始任务。

此外，一种名为 TRPO（Trust Region Policy Optimization，置信区域策略优化）的方法能使策略梯度法更稳定 [8]，TRPO 也是基于 Actor-Critic 框架的，它经过改进得到了 PPO（Proximal Policy Optimization，近端策略优化）。同时还有一种称为 ACTKR（Actor Critic using Kronecker-Factored Trust Region，使用克罗内克系数的置信区域的 ActorCritic）[10] 的方法，该方法比 A2C 的 Actor-Critic 能更有效地学习。

下面的章节将基于第 5 章的 CartPole 任务，解释和实现 DDQN、Dueling Network、优先经验回放以及 A2C。

6.2 DDQN 的实现

6.2.1 DDQN 概述

为了实现 DQN，需要引入固定目标 Q 网络。如果用于更新 Q 网络的 Q 值是通过同一网络求取的，则学习过程不稳定。为了避免这一问题，需要构建另一个网络。在第 5 章的 DQN 实现中，优先考虑了简单性，并没有实现固定目标 Q 网络，而是用小批量学习作为替代。

有两种类型的 DQN：2013 版 [11] 和 2015 Nature 版 [12]。第 5 章中的小批量学习的实现对应于 2013 版 DQN，而 2015 版本采用目标 Q 网络以训练主 Q 网络，同时经过一定的训练步数，目标 Q 网络的旧参数被主 Q 网络的新参数替换。2015 年 Nature 版 DQN 的更新公式如下：

$$Q_m(s_t, a_t) = Q_m(s_t, a_t) + \eta * (R_{t+1} + \gamma \max_a Q_t(s_{t+1}, a) - Q_m(s_t, a_t))$$

这里，Q_m 表示主 Q 网络，Q_t 表示目标 Q 网络。在这个等式中，右侧的 $\max_a Q_t(s_{t+1}, a)$ 是从目标 Q 网络获得的。换句话说，从目标 Q 网络获得在下一状态 s_{t+1} 中具有最高 Q 值的动作 a 和在当前时刻的 Q 值。

本节介绍的 DDQN（Double DQN，双重 DQN）是一种使更新公式更稳定的方法 [1]。具体来说，使用以下更新公式：

$$a_m = \arg\max_a Q_m(s_{t+1}, a)$$
$$Q_m(s_t, a_t) = Q_m(s_t, a_t) + \eta * (R_{t+1} + \gamma Q_t(s_{t+1}, a_m) - Q_m(s_t, a_t))$$

换句话说，从主 Q 网络获得在下一状态 s_{t+1} 中具有最高 Q 值的动作 a_m，并且从目标 Q 网络获得该动作 a_m 的 Q 值。这称为双重 DQN，因为它使用两个网络来确定主 Q 网络的更新量。接下来，我们将说明 DDQN 的实现过程。

6.2.2 DDQN 的实现

实现 DDQN 的关键是它拥有两个网络。如果理解了这一点，很容易理解实现过程。

第 5 章为了优先理解实现流程，编写了代码较长的函数 replay 而未进行拆分。首先，重构第 5 章中 DQN 的程序以缩短 Brain 类的 replay 函数，将三个部分分别进行函数化。使用函数 make_minibatch 创建小批量数据，使用函数 get_expected_state_action_values 获取监督信息 $Q(s_t, a_t)$，使用函数 update_main_q_network 更新连接参数。然后可以使用以下代码编写函数。

```
def replay(self):
    ''' 经验回放学习网络的连接参数 '''

    # 1. 检查内存大小
    if len(self.memory) < BATCH_SIZE:
        return

    # 2. 创建小批量数据
    self.batch, self.state_batch, self.action_batch, self.reward_batch, \
    self.non_final_next_states = self.make_minibatch()

    # 3. 获取 Q(s_t, a_t) 值作为监督信息
    self.expected_state_action_values = self.get_expected_state_action_values()

    # 4. 更新连接参数
    self.update_main_q_network()
```

然后将重构的 Brain 类从 DQN 更新为 DDQN。更改 Brain 类初始化函数 init 中的两处，这次我们将构建两个网络：变量 main_q_network 和变量 target_q_network。让我们在另一个名为 Net 的类中准备构建神经网络。Net 类如下所示。

```
# 建立深度学习网络
import torch.nn as nn
import torch.nn.functional as F
```

```python
class Net(nn.Module):

    def __init__(self, n_in, n_mid, n_out):
        super(Net, self).__init__()
        self.fc1 = nn.Linear(n_in, n_mid)
        self.fc2 = nn.Linear(n_mid, n_mid)
        self.fc3 = nn.Linear(n_mid, n_out)

    def forward(self, x):
        h1 = F.relu(self.fc1(x))
        h2 = F.relu(self.fc2(h1))
        output = self.fc3(h2)
        return output
```

接着，将 Brain 类修改为如下所示的 DDQN 版本。

```python
# 这是一个称为智能体大脑的类，执行 DDQN

import random
import torch
from torch import nn
from torch import optim
import torch.nn.functional as F

BATCH_SIZE = 32
CAPACITY = 10000


class Brain:
    def __init__(self, num_states, num_actions):
        self.num_actions = num_actions  # 获取 CarPole 的 2 个动作

        # 创建储存经验的经验池
        self.memory = ReplayMemory(CAPACITY)

        # 构建神经网络
        n_in, n_mid, n_out = num_states, 32, num_actions
        self.main_q_network = Net(n_in, n_mid, n_out)  # 使用 Net 类构建主 Q 网络
        self.target_q_network = Net(n_in, n_mid, n_out)  # 使用 Net 类构建目标 Q 网络
        print(self.main_q_network)  # 输出网络形状
        # 优化方法的设定
        self.optimizer = optim.Adam(
            self.main_q_network.parameters(), lr=0.0001)

    def replay(self):
        ''' 经验回放学习网络的连接参数 '''

        # 1. 检查经验池大小
```

```
        if len(self.memory) < BATCH_SIZE:
            return

        # 2. 创建小批量数据
        self.batch, self.state_batch, self.action_batch, self.reward_batch,
        self.non_final_next_states = self.make_minibatch()

        # 3. 找到 Q(s_t, a_t) 作为监督信息
        self.expected_state_action_values = self.get_expected_state_action_values()

        # 4. 更新参数
        self.update_main_q_network()

    def decide_action(self, state, episode):
        ''' 根据当前状态确定动作 '''
        # 采用 ε- 贪婪法逐步采用最佳动作
        epsilon = 0.5 * (1 / (episode + 1))

        if epsilon <= np.random.uniform(0, 1):
            self.main_q_network.eval()  # 将网络切换到推理模式
            with torch.no_grad():
                action = self.main_q_network(state).max(1)[1].view(1, 1)
            # 获取网络输出最大值的索引 index = max(1)[1]
            # .view(1,1) 将 [torch.LongTensor of size 1] 转换为 size 1x1

        else:
            # 随机返回 0、1
            action = torch.LongTensor(
                [[random.randrange(self.num_actions)]])  # 随机返回
            # action 的形式为 [torch.LongTensor of size 1x1]

        return action

    def make_minibatch(self):
        '''2. 创建小批量数据 '''

        # 2.1 从经验池中获取小批量数据
        transitions = self.memory.sample(BATCH_SIZE)
        # 2.2 将每个变量转换为与小批量数据对应的形式
        # transitions 表示 1 步的 (state, action, state_next, reward)
        #   对于 BATCH_SIZE 个, 即 (state, action, state_next, reward) ×
        # BATCH_SIZE
        # 它变成小批量数据, 即
        # 设为 (state×BATCH_SIZE, action×BATCH_SIZE, state_
        #   next×BATCH_SIZE, reward×BATCH_SIZE)
        batch = Transition(*zip(*transitions))

        # 2.3 将每个变量的元素转换为与小批量数据对应的形式
```

```
# 例如, state 原本为 BATCH_SIZE 个 [torch.FloatTensor of size 1]
# 将其转换为 [torch.FloatTensor of size BATCH_SIZEx4]
# cat 是 Concatenates( 连接 )
state_batch = torch.cat(batch.state)
action_batch = torch.cat(batch.action)
reward_batch = torch.cat(batch.reward)
non_final_next_states = torch.cat([s for s in batch.next_state
                                    if s is not None])

return batch, state_batch, action_batch, reward_batch, non_final_next_states

def get_expected_state_action_values(self):
    '''3. 找到 Q(s_t, a_t) 值作为监督信息 '''

    # 3.1 将网络切换到推理模式
    self.main_q_network.eval()
    self.target_q_network.eval()

    # 3.2 求网络输出的 Q(s_t, a_t)
    # self.model(state_batch) 输出向左或向右的 Q 值。
    # [torch.FloatTensor of size BATCH_SIZEx2]。
    # 为了找到与此处执行的动作 a_t 对应的 Q 值, 找到 action_batch 执行的动
      作 a_t 是向右还是向左的索引
    # 用 gather 获得相应的 Q 值。
    self.state_action_values = self.main_q_network(
        self.state_batch).gather(1, self.action_batch)

    # 3.3 max {Q(s_t + 1, a)} 获取值。但是, 请注意以下条件。

    # 创建索引掩码以判断 cartpole 是否未完成且具有 next_state
    non_final_mask = torch.ByteTensor(tuple(map(lambda s: s is not None,
        self.batch.next_state)))
    # 首先全部设置为 0
    next_state_values = torch.zeros(BATCH_SIZE)

    a_m = torch.zeros(BATCH_SIZE).type(torch.LongTensor)

    # 从 Main Q-Network 中求下一个状态中最大 Q 值的动作 a_m
    # 最后的 [1] 返回与该动作对应的索引 index
    a_m[non_final_mask] = self.main_q_network(
        self.non_final_next_states).detach().max(1)[1]

    # 仅过滤具有下一个状态的, 并将 size 32 转换为 size 32x1
    a_m_non_final_next_states = a_m[non_final_mask].view(-1, 1)

    # 从目标 Q 网络中找到具有下一状态的 index 的动作 a_m 的 Q 值
    # 用 detach() 取出
    # 使用 squeeze() 将 size[minibatch×1] 压缩为 [minibatch]。
```

```
        next_state_values[non_final_mask]
        = self.target_q_network(self.non_final_next_states).gather(
            1, a_m_non_final_next_states).detach().squeeze()

        # 3.4 根据 Q 学习公式，求出 Q(s_t, a_t) 值作为监督信息
        expected_state_action_values = self.reward_batch + GAMMA * next_state_values

        return expected_state_action_values

    def update_main_q_network(self):
        '''4. 更新连接参数 '''

        # 4.1 将网络切换到训练模式
        self.main_q_network.train()

        # 4.2 计算损失函数 (smooth_l1_loss 是 Huberloss)
        # expected_state_action_values 是
        # size 是 [minbatch]，所以 unsquee 到 [minibatch x 1]
        loss = F.smooth_l1_loss(self.state_action_values,
                                self.expected_state_action_values.unsqueeze(1))

        # 4.3 更新连接参数
        self.optimizer.zero_grad()  # 重置梯度
        loss.backward()  # 计算反向传播
        self.optimizer.step()  # 更新连接参数

    def update_target_q_network(self):  # 添加 DDQN
        ''' 让目标 Q 网络与主 Q 网络相同 '''
        self.target_q_network.load_state_dict(self.main_q_network.state_dict())
```

在 Brain 类的函数 init 中设置优化方法时，参数为 self.main_q_network.parameters()，设置主 Q 网络进行训练。其他 Brain 类的内容在第 5 章中，将变量 model 部分更改为变量 main-q-network。

然后将函数 get_expected_state_action_values 更改为 DDQN 版本。最后，重新定义函数 update_target_q_network。此函数定期执行更新操作，使目标 Q 网络的连接参数与主 Q 网络相同。

随着 Brain 类的改变，需要对 Agent 类做细微的修改。重新实现函数 update_target_q_function，在其中执行 Brain 类的函数 update_target_q_network，在 Environment 类的试验（episode）结束时，执

行 Agent 类的函数 update_target_q_function。在这里的实现中，每 2 轮试验执行一次，将主 Q 网络的值复制到目标 Q 网络。

　　Agent 类和 Environment 类如下所示。此外，注释中说明了动画的绘制和保存。

```python
# 这是一个在 CarPole 上运行的智能体，是一个有杆小车

class Agent:
    def __init__(self, num_states, num_actions):
        ''' 设置任务状态和动作的数量 '''
        self.brain = Brain(num_states, num_actions)  # 创建一个大脑为 Agent 决定
                                                     # 动作

    def update_q_function(self):
        ''' 更新 Q 函数 '''
        self.brain.replay()

    def get_action(self, state, episode):
        ''' 确定动作 '''
        action = self.brain.decide_action(state, episode)
        return action

    def memorize(self, state, action, state_next, reward):
        '''state action state_next reward 存储到经验池中 '''
        self.brain.memory.push(state, action, state_next, reward)

    def update_target_q_function(self):
        ''' 将目标 Q 网络更新到与主 Q 网络相同 '''
        self.brain.update_target_q_network()
# CartPole 的运行环境


class Environment:

    def __init__(self):
        self.env = gym.make(ENV)  # 设置要执行的任务
        num_states = self.env.observation_space.shape[0]  # 设置任务状态和动作的
                                                          # 数量

        num_actions = self.env.action_space.n  # CartPole 的 2 个动作（向左或
                                               # 向右）
        # 创建在环境中行动的 Agent
        self.agent = Agent(num_states, num_actions)

    def run(self):
        ''' 执行 '''
```

```
episode_10_list = np.zeros(10)  # 存储 10 次试验的连续站立步数，输出平均
                                                                    步数
complete_episodes = 0  # 持续 195 步或更多步的试验次数
episode_final = False  # 最后一轮标志
frames = []  # 用于存储图像的变量，以使最后一轮成为动画

for episode in range(NUM_EPISODES):  # 重复试验次数
    observation = self.env.reset()  # 环境初始化

    state = observation  # 将观测值设为状态值
    state = torch.from_numpy(state).type(
        torch.FloatTensor)  # numpy 变量转换为 Pytorch Tensor
    state = torch.unsqueeze(state, 0)  # size 4 转换为 size 1x4

    for step in range(MAX_STEPS):  # 一回合的循环

        # 将绘制动画过程注释掉
        #if episode_final is True:
        # 在最后一轮中，将各时刻的图像添加到帧中
            # frames.append(self.env.render(mode='rgb_array'))

        action = self.agent.get_action(state, episode)  # 求要采取的动作

        # 通过执行动作 a_t 找到 s_{t + 1} 和 done
        # 从 action 中指定 .item() 并获取内容
        observation_next, _, done, _ = self.env.step(
            action.item())  # 不使用 reward 和 info，所以设为 _

        # 给予奖励，对 episode 是否结束以及是否有下一个状态进行判断
        if done:  # 如果步数超过 200，或者如果倾斜超过某个角度，则 done
                       为 true
            state_next = None  # 没有下一个状态，因此存储 None

            # 将最近 10 轮的站立步数添加到列表中
            episode_10_list = np.hstack(
                (episode_10_list[1:], step + 1))

            if step < 195:
                reward = torch.FloatTensor(
                    [-1.0])  # 如果中途倒下，奖励 -1 作为惩罚
                complete_episodes = 0  # 重置连续成功次数
            else:
                reward = torch.FloatTensor([1.0])
                # 站立直到结束时给予奖励 1
                complete_episodes = complete_episodes + 1
                # 更新连续成功次数
        else:
            reward = torch.FloatTensor([0.0])  # 通常情况奖励 0
```

```
state_next = observation_next  # 将状态设置为观察值
state_next = torch.from_numpy(state_next).type(
    torch.FloatTensor)  # 将 numpy 变量转换为 PyTorch Tensor
state_next = torch.unsqueeze(state_next, 0)
# 将 size 4 扩展为 size 1x4

# 为经验池增添经验
self.agent.memorize(state, action, state_next, reward)

# 经验回放更新 Q 函数
self.agent.update_q_function()

# 状态的更新
state = state_next

# 结束处理
if done:
    print('%d Episode: Finished after %d steps：10 次试验的平均 step 数
        = %.1lf' % (
        episode, step + 1, episode_10_list.mean()))

    # 使用 DDQN 添加，每 2 轮试验复制一次，使 Target  Q-Network
        与 Main 相同
    if(episode % 2 == 0):
        self.agent.update_target_q_function()
    break
if episode_final is True:
    # 将动画绘制注释掉
    # 保存并绘制
    #display_frames_as_gif(frames)
    break

# 连续成功 10 轮
if complete_episodes >= 10:
    print('10轮连续成功')
    episode_final = True  # 使用下一次试验作为最后一轮，从而绘制动画
```

这样就完成了 DDQN 的实现。本节省略与第 5 章相同的部分。完整的程序请参阅本书的支持页面 [13]。如果运行该程序，它将在大约 150 次试验后成功。和 DQN 相比，它更加稳定地完成任务。

6.3　Dueling Network 的实现

6.3.1　Dueling Network 概述

在本节中，我们将介绍并实现一种称为 Dueling Network [2] 的深度强化学习方法。

在 CartPole 任务中，一般的 DQN 网络如图 6.2 所示，而 Dueling Network 网络如图 6.3 所示。在图 6.3 中，$A(s,$ 向右推 $)$ 意味着

$$A(s, 向右推) = Q(s, 向右推) - V(s)$$

称为 Advantage 函数。

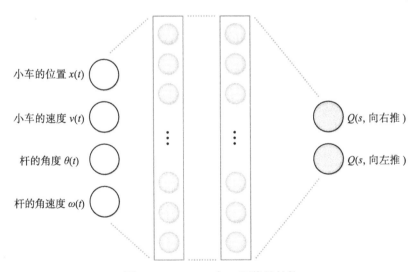

图 6.2　CartPole 中 Q 网络的结构

下面解释 Dueling Q-Network 引入这样的 Advantage 函数的意图。在 CartPole 任务中，动作价值函数 Q 与状态 s 有关，可以获取向右推或向左推后得到的折扣奖励总和。例如，如果处于即将跌倒之前的状态 s，可以推断出向

右或向左的动作使杆子跌倒所获得的总回报非常小。换句话说，Q 函数所具有的信息可以分成仅由状态 s 确定的部分和由该动作确定的部分。因此，Dueling Q-Network 将 Q 函数分离为仅由状态 s 确定的部分 $V(s)$ 和根据动作 a 确定的 Advantage $A(s, a)$，在最终的输出层中将 $V(s)$ 和 $A(s, a)$ 相加求得 $Q(s, a)$。

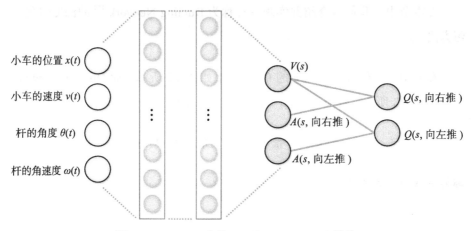

图 6.3　CartPole 中的 Dueling Q-Network 结构

Dueling Q-Network 与 DQN 相比，优点在于无论动作 a 如何，都可以逐步学习与 $V(s)$ 相关的网络连接参数，因此学习所需的试验轮数比 DQN 更少。随着动作选择的增加，优势更加明显。

基于以上几点，我们重写上一节中的 DDQN 网络以实现 Dueling Network。

6.3.2　Dueling Network 的实现

Dueling Network 的实现只需重写上一节中 DDQN 代码中构建神经网络的 `Net` 类，如下所示。

```
# 构建 Dueling Network 型深度神经网络
import torch.nn as nn
import torch.nn.functional as F
```

```
class Net(nn.Module):

    def __init__(self, n_in, n_mid, n_out):
        super(Net, self).__init__()
        self.fc1 = nn.Linear(n_in, n_mid)
        self.fc2 = nn.Linear(n_mid, n_mid)
        # Dueling Network
        self.fc3_adv = nn.Linear(n_mid, n_out)  # Advantage 部分
        self.fc3_v = nn.Linear(n_mid, 1)  # 价值 V 部分

    def forward(self, x):
        h1 = F.relu(self.fc1(x))
        h2 = F.relu(self.fc2(h1))

        adv = self.fc3_adv(h2)  # 此输出不是 ReLU
        val = self.fc3_v(h2).expand(-1, adv.size(1))  # 此输出不是 ReLU
        # 将 [minibatchx1] 的大小扩展为 [minibatchx2] 以计算 val 和 adv
          的和
        # adv.size(1) 是要输出的动作类型数量中的第二个

        output = val + adv - adv.mean(1, keepdim=True).expand(-1, adv.size(1))
        # 从 val+adv 中减去 adv 的平均值
        # 将 adv.mean(1, keepdim = True) 在列方向（动作类型方向）上求平
          均，大小为 [minibatch×1]
        # 通过 expand 扩展为 size [minibatchx2]

        return output
```

Dueling Network 的实现是用 PyTorch 设计神经网络的一个很好的实践。在 Net 类的初始化函数中，与 DDQN 类似地构建输入层 fc1 和第一个隐藏层 fc2，在最后创建与 Advantage 有关的层 fc3_adv 和与状态价值有关的层 fc3_v。fc3_adv 的输出数是可选动作的数量 n_out。fc3_v 表示状态价值，因此输出数为 1。

在 Net 类的 forward 计算中，输入 x 经过 fc1 层，其输出经由 ReLU 传递给 fc2，再通过 ReLU 传递给变量 h2，h2 再进入 fc3_adv 和 fc3_v 层。fc3_adv 和 fc3_v 的输出不经过 ReLU，分别作为变量 adv 和 val 保留。最后输出的动作价值通过 adv 和 val 的和来计算，用变量 output 表示。实际上，adv 的大小是 [minibatch 的大小 × 动作类型的数量]，val 的大小是 [minibatch 的大小 ×1]。因此，在求 val 时，使用 expand 调整它的大

小, 使其成为 [minibatch 的大小 × 动作的数量]。

请注意, 在计算输出时, 要从输出中减去 Advantage 的平均值。在其后的实现代码中, 为了使得平均值的大小与变量 adv 的大小相匹配, 执行了 expand 操作。我们接下来解释为什么使用 val + adv-adv.mean 而不是简单地输出 val + adv。

减去平均值是因为如果只是简单地相加, 由于动作的类型不同, 其具有不同的偏置量, 直接进行相加可能无法很好地完成学习。例如, 假设 Advantage 在向右时偏差为 b_0。在这种状态下, 为了通过相加正确地计算 $Q(s, 右)$, 需要将 $-b_0$ 的偏置施加到 $V(s)$ 上以抵消偏置 b_0。换句话说, 偏置可以通过 $V(s)$ 和 Adv(s, 右) 消除, 因此即使有一定偏置, 也可以学习。

另一方面, 如果向左的偏置是 b_1, 则对应于状态价值的 $V(s)$ 部分需要施加偏置 $-b_1$。也就是说, 根据动作的类型, 需要分别施加不同的偏置 $-b_0$ 和 $-b_1$ 到 $V(s)$ 上。这是使学习不稳定的一个重要因素。为了尽可能避免这种情况, Dueling Network 从输出中减去动作的平均值。

如果减去平均值, 以向右为例, 它将表示为

$$Q(s, 右) = V(s) + Adv(s, 右)-(Adv(s, 右) + Adu(s, 左))/2$$

Adv(s, 左) 将出现在 $Q(s, 右)$ 的计算公式中。当执行向右推动的动作时, 可以通过反向传播更新与 Adv(s, 左) 有关的网络连接参数, 并且可以避免独立计算左和右的 Adv(s, a)。通过避免独立计算每种类型的动作, 可以减少每种动作类型的不同偏置。

上面对 Dueling Network 的实现做了说明。和 DDQN 的唯一不同是 Net 类, 通过设计深度神经网络的计算结构, 其学习性能得到了提高, 这是一项非常有价值的研究。完整的程序可以在本书的支持页面上找到 [13]。

6.4　优先经验回放的实现

6.4.1　优先经验回放概述

本节概述和实现优先经验回放（Prioritized Experienced Replay），它是在 Q 学习中针对学习不到位的状态 s 的 transition 优先学习的方法 [3]。"Prioritize" 是给其优先顺序的意思。

优先顺序的基准是贝尔曼方程中价值函数的绝对值误差。虽然它不是严格意义上的 TD 误差，但为了方便起见，在本节中将其称为 TD 误差，由以下公式表示：

$$|[R(t+1)+\gamma \times \max_a [Q(s(t+1),a)] - Q(s(t),a(t))$$

在经验回放时优先学习具有较大 TD 误差的 transition，从而减少价值函数网络的输出误差。

关于优先经验回放，有各种实现方法，用二叉树存储 TD 误差的实现是最快的 [14]。但这里为了使实现清晰简单，我们通过双端队列（deque）来实现。实现的概述如图 6.4 所示。

除了用于存储 transition 的存储类之外，还要创建用于存储 TD 误差的存储类。在这两个存储类中，以 TD 误差为基础产生获取小批量 transition 的概率。首先，计算 `sum_absolute_TDerror`，它是每个 TD 误差的绝对值之和。接下来，根据 `0~sum_absolute_TDerror` 的范围内的均匀分布，生成小批量的随机数。然后，找到与生成的随机数对应的 TD 误差存储器的索引（见图 6.4 中的箭头），并在经验回放中使用该索引的 transition。以上是实现的总体概要。

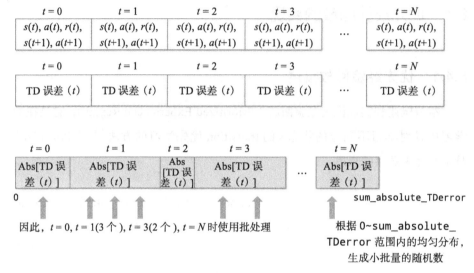

图 6.4　优先经验回放的实现概述

6.4.2　实现优先经验回放

通过修改 DDQN 代码来实现优先经验回放。首先，定义类 TDerrorMemory 来存储 TD 误差。基本上与类 ReplayMemory 相同，增加了函数 get_prioritized_ indexes 和函数 update_td_error。

函数 get_prioritized_indexes 是根据存储在存储器中的 TD 误差 的大小按概率地求 index 的函数，实现图 6.4 中描述的内容。注意，当计算 TD 误差的绝对值时，需要加上一个微小值 TD_ERROR_EPSILON，这是为了 给 TD 误差增加一个较小的值，以防止 TD 误差较小的 transition 完全不能被 选取。

函数 update_td_error 是更新存储在存储器中的 TD 误差的函数。在 更新和学习连接参数时，各 transition 学习后的 TD 误差会与存储的 TD 误差不 同。因此，有必要在适当的时间更新。这里，我们将在每次试验结束时更新。

```
# 定义内存类来存储 TD 误差

TD_ERROR_EPSILON = 0.0001   # 偏置应用于误差


class TDerrorMemory:

    def __init__(self, CAPACITY):
        self.capacity = CAPACITY  # 最大存储长度
        self.memory = []  # 保存经验的变量
        self.index = 0  # 表示要保存的索引的变量

    def push(self, td_error):
        ''' 在内存中保存 TD 误差 '''

        if len(self.memory) < self.capacity:
            self.memory.append(None)  # 如果空间不满

        self.memory[self.index] = td_error
        self.index = (self.index + 1) % self.capacity  # 将保存的 index 移一位

    def __len__(self):
        ''' 返回当前变量内存的长度 '''
        return len(self.memory)

    def get_prioritized_indexes(self, batch_size):
        ''' 根据 TD 误差以概率获得 index'''

        # 计算 TD 误差的总和
        sum_absolute_td_error = np.sum(np.absolute(self.memory))
        sum_absolute_td_error += TD_ERROR_EPSILON * len(self.memory)  # 添加一个微小值

        # 为 batch_size 生成随机数，并按升序排列
        rand_list = np.random.uniform(0, sum_absolute_td_error, batch_size)
        rand_list = np.sort(rand_list)

        # 通过得到的随机数获取 index
        indexes = []
        idx = 0
        tmp_sum_absolute_td_error = 0
        for rand_num in rand_list:
            while tmp_sum_absolute_td_error < rand_num:
                tmp_sum_absolute_td_error += (
                    abs(self.memory[idx]) + TD_ERROR_EPSILON)
                idx += 1
            # 由于计算时使用微小值而导致 index 超过内存大小时的修正
            if idx >= len(self.memory):
                idx = len(self.memory) - 1
```

```
            indexes.append(idx)

        return indexes

    def update_td_error(self, updated_td_errors):
        '''TD 误差的更新 '''
        self.memory = updated_td_errors
```

接下来更改 Brain 类，如下所示：

```
# 成为 Agent 大脑的类，执行优先经验回放

import random
import torch
from torch import nn
from torch import optim
import torch.nn.functional as F

BATCH_SIZE = 32
CAPACITY = 10000


class Brain:
    def __init__(self, num_states, num_actions):
        self.num_actions = num_actions  # 获取 CartPole 的 2 个动作 (向左或向右)

        # 创建经验池
        self.memory = ReplayMemory(CAPACITY)

        # 创建神经网络
        n_in, n_mid, n_out = num_states, 32, num_actions
        self.main_q_network = Net(n_in, n_mid, n_out)  # 使用 Net 类
        self.target_q_network = Net(n_in, n_mid, n_out)  # 使用 Net 类
        print(self.main_q_network)  # 输出网络形状

        # 优化方法的设定
        self.optimizer = optim.Adam(
            self.main_q_network.parameters(), lr=0.0001)

        # 生成 TD 误差的存储对象
        self.td_error_memory = TDerrorMemory(CAPACITY)
    def replay(self, episode):
        ''' 通过经验回放学习网络连接参数 '''

        # 1. 检查经验池大小
        if len(self.memory) < BATCH_SIZE:
            return
```

```
    # 2. 创建小批量数据
    self.batch, self.state_batch, self.action_batch, self.reward_batch,
    self.non_final_next_states = self.make_minibatch(
        episode)

    # 3. 找到 Q(s_t，a_t) 值作为监督信息
    self.expected_state_action_values = self.get_expected_state_action_values()

    # 4. 更新连接参数
    self.update_main_q_network()

def decide_action(self, state, episode):
    ''' 根据当前状态确定动作 '''
    # 采用 ε- 贪婪法逐步采用最佳动作
    epsilon = 0.5 * (1 / (episode + 1))

    if epsilon <= np.random.uniform(0, 1):
        self.main_q_network.eval()   # 将网络切换到推理模式
        with torch.no_grad():
            action = self.main_q_network(state).max(1)[1].view(1, 1)
        # 获取网络输出最大值的索引 index= max(1)[1]
        # .view(1,1) 将 [torch.LongTensor of size 1] 转换为 size 1x1

    else:
        # 随机返回动作 0、1
        action = torch.LongTensor(
            [[random.randrange(self.num_actions)]])   # 随机返回动作 0、1
        # action 的形式为 [torch.LongTensor of size 1x1]


    return action

def make_minibatch(self, episode):
    '''2. 创建小批量数据 '''

    # 2.1 从经验池中获取小批量数据
    if episode < 30:
        transitions = self.memory.sample(BATCH_SIZE)
    else:
        # 根据 TD 误差取出小批量数据
        indexes = self.td_error_memory.get_prioritized_indexes(BATCH_SIZE)
        transitions = [self.memory.memory[n] for n in indexes]

    # 2.2 将每个变量转换为与小批量数据对应的形式
    # transitions 表示 1 步的 (state, action, state_next, reward)
    # 对于 BATCH_SIZE 个 transition, 即 (state, action, state_next, reward)
    #   x BATCH_SIZE
    # 它变成小批量数据, 即
    # 设为 (state×BATCH_SIZE, action×BATCH_SIZE, state_next×BATCH_
    #   SIZE, reward×BATCH_SIZE)
```

```
batch = Transition(*zip(*transitions))

# 2.3 将每个变量的元素转换为与小批量数据对应的形式
# 例如，state 原本为 BATCH_SIZE 个 [torch.FloatTensor of size
  1x4]
# 将其转换为 [torch.FloatTensor of size BATCH_SIZEx4]
# cat 是 Concatenates( 连接 )
state_batch = torch.cat(batch.state)
action_batch = torch.cat(batch.action)
reward_batch = torch.cat(batch.reward)
non_final_next_states = torch.cat([s for s in batch.next_state
                                   if s is not None])

return batch, state_batch, action_batch, reward_batch, non_final_next_states

def get_expected_state_action_values(self):
    '''3. 找到 Q(s_t，a_t) 值作为监督信息 '''

    # 3.1 将网络切换到推理模式
    self.main_q_network.eval()
    self.target_q_network.eval()

    # 3.2 求网络输出的 Q(s_t，a_t)
    # self.model(state_batch) 输出向左或向右的 Q 值
    # [torch.FloatTensor of size BATCH_SIZEx2]
    # 为了获得与从此处执行的动作 a_t 相对应的 Q 值，在 action_batch 中执行
      的动作 a_t 求向右还是向左的 index
    # 用 gather 获取相应的 Q 值。
    self.state_action_values = self.main_q_network(
        self.state_batch).gather(1, self.action_batch)

    # 3.3 求 max{Q(s_t + 1, a)} 值。但是，请注意以下状态

    # 创建一个索引掩码以判断是否未完成 cartpole 并具有 next_state
    non_final_mask = torch.ByteTensor(tuple(map(lambda s: s is not None,
                                      self.batch.next_state)))
    # 首先全部设置为 0
    next_state_values = torch.zeros(BATCH_SIZE)
    a_m = torch.zeros(BATCH_SIZE).type(torch.LongTensor)

    # 从主 Q 网络中查找下一状态中最大 Q 值的动作 a_m
    # 对应于该动作的 index 在最后 [1] 中返回
    a_m[non_final_mask] = self.main_q_network(
        self.non_final_next_states).detach().max(1)[1]

    # 仅过滤具有下一个状态的，并将 size 32 变更为 size 32×1
    a_m_non_final_next_states = a_m[non_final_mask].view(-1, 1)
```

```
        # 从目标 Q 网络中找到具有下一状态的 index 的动作 a_m 的 Q 值
        # 通过 detach() 取出
        # 使用 squeeze() 将 size[minibatch x 1] 设为 [minibatch]
        next_state_values[non_final_mask] =
        self.target_q_network(self.non_final_next_states)
        .gather(1, a_m_non_final_next_states).detach().squeeze()

        # 3.4 根据 Q 学习公式，求出 Q(s_t，a_t) 值作为监督信息
        expected_state_action_values = self.reward_batch + GAMMA * next_state_values

        return expected_state_action_values

    def update_main_q_network(self):
        '''4. 更新连接参数 '''

        # 4.1 将网络切换到训练模式
        self.main_q_network.train()

        # 4.2 计算损失函数（smooth_l1_loss 是 Huberloss）
        # expected_state_action_values是
        # size 设置为 [minbatch]，因此解压到 [minbatch x 1]
        loss = F.smooth_l1_loss(self.state_action_values,
                                self.expected_state_action_values.unsqueeze(1))

        # 4.3 更新连接参数
        self.optimizer.zero_grad()  # 重置梯度
        loss.backward()  # 计算反向传播
        self.optimizer.step()  # 更新连接参数

    def update_target_q_network(self):  # 在 DDQN 中加入的函数
        ''' 让目标 Q 网络与主 Q 网络相同 '''
        self.target_q_network.load_state_dict(self.main_q_network.state_dict())
    def update_td_error_memory(self):  # 在优先经验回放中加入的函数
        ''' 更新存储在 TD 误差存储器中的 TD 误差 '''

        # 将网络切换到推理模式
        self.main_q_network.eval()
        self.target_q_network.eval()

        # 创建包含所有经验的小批量数据
        transitions = self.memory.memory
        batch = Transition(*zip(*transitions))

        state_batch = torch.cat(batch.state)
        action_batch = torch.cat(batch.action)
        reward_batch = torch.cat(batch.reward)
        non_final_next_states = torch.cat([s for s in batch.next_state
                                           if s is not None])
```

```
# 获得网络输出的 Q(s_t，a_t)
state_action_values = self.main_q_network(
    state_batch).gather(1, action_batch)

# 创建一个索引掩码以判断是否未完成 cartpole 并具有 next_state
non_final_mask = torch.ByteTensor(
    tuple(map(lambda s: s is not None, batch.next_state)))

# 首先将全部设置为 0，size 是存储的长度
next_state_values = torch.zeros(len(self.memory))
a_m = torch.zeros(len(self.memory)).type(torch.LongTensor)

# 从主 Q 网络中查找下一状态中最大 Q 值的动作 a_m
# 对应于该动作的 index 在最后 [1] 中返回
a_m[non_final_mask] = self.main_q_network(
    non_final_next_states).detach().max(1)[1]

# 仅过滤具有下一个状态的，并将 size 32 变为 size32×1
a_m_non_final_next_states = a_m[non_final_mask].view(-1, 1)

# 从目标 Q 网络中找到具有下一状态的 index 的动作 a_m 的 Q 值
# 用 detach() 取出
# 使用 squeeze() 将 size[minibatch×1] 设为 [minibatch]
next_state_values[non_final_mask]
= self.target_q_network(non_final_next_states)
.gather(1, a_m_non_final_next_states).detach().squeeze()
# 找到 TD 误差
td_errors = (reward_batch + GAMMA * next_state_values) - \
    state_action_values.squeeze()
# state_action_values 是 size [minibatch×1]，所以压缩到
  size[minibatch]

# 更新 TD 误差存储变量，使用 detach() 取出 Tensor，转换为 NumPy，再转
  换为 Python 列表
self.td_error_memory.memory = td_errors.detach().numpy().tolist()
```

添加创建 TDerrorMemory 类对象的代码，它将 TD 误差存储到初始化函数中。

函数 replay 使用了优先经验回放。但是，在学习的初始阶段，网络连接参数的初始值由随机数确定，如果执行优先经验回放，会由于初始值的原因导致学习不稳定。可以先执行正常的经验回放，并在一段时间后切换到优先经验回放。因此，将变量 episode 添加到函数 replay 的参数中。然后将

episode 添加到函数 make_minibatch 的参数中，并更改步骤 2.1 从经验池
中获取 minibatch 数据的部分。episode 不超过 30 时使用随机取出目前为
止已有的 transition 的方法。episode 超过 30 时，求取已经有了优先顺序的
经验的索引，并将该索引的 transition 作为小批量数据取出。

此外，将函数 update_td_error_memory 添加到 Brain 类。此函数
重新计算经验池中所有已保存 transition 的 TD 误差。修改 TD 误差存储变量时
要小心变量的类型。由于使用 PyTorch 来计算的结果是 Tensor 类型，在将其转
换为 NumPy 之后，要将 NumPy 转换为 Python 列表。

然后更改 Agent 类。将函数 memorize_td_error 和函数 update_
td_error_memory 添加到 Agent 类。函数 memorize_td_error 在该步
骤存储 TD 误差。函数 update_td_error_memory 在每次试验结束时执行，
并更新存储在 TDerrorMemory 类对象中的 TD 误差，通过 Brain 类函数
update_td_error_memory 完成更新。此外，由于我们已将参数 episode
添加到 Brain 类的函数 replay 的参数列表中，我们还在函数 update_q_
function 中添加了 episode。

```python
# 这是一个在 CartPole 上运行的 Agent 类，是一个有杆小车


class Agent:
    def __init__(self, num_states, num_actions):
        ''' 设置任务状态和动作的数量 '''
        self.brain = Brain(num_states, num_actions)
        # 为智能体生成大脑来决定它们的动作

    def update_q_function(self, episode):
        ''' 更新 Q 函数 '''
        self.brain.replay(episode)

    def get_action(self, state, episode):
        ''' 确定动作 '''
        action = self.brain.decide_action(state, episode)
        return action
```

```
def memorize(self, state, action, state_next, reward):
    ''' 保存 state、action、state_next、reward 的内容到 memory 对象中 '''
    self.brain.memory.push(state, action, state_next, reward)

def update_target_q_function(self):
    ''' 将目标 Q 网络更新为主 Q 网络 '''
    self.brain.update_target_q_network()

def memorize_td_error(self, td_error):   # 在 Prioritized Experience Replay 中加入的函数
    ''' 存储 TD 误差 '''
    self.brain.td_error_memory.push(td_error)

def update_td_error_memory(self):   # 在优先经验回放中加入的函数
    '''' 更新存储在 TD 误差存储器中的 TD 误差 '''
    self.brain.update_td_error_memory()
```

执行环境类 Environment，在三个位置修改函数 run 的内容。在每步之后将 TD 误差添加到 TD 误差存储变量中。但是这里保存时会保存 0 而不是 TD 误差。实际上最好存储 TD 误差，但我们使用 0 来节省每一步后计算 TD 误差的时间。虽然此时 0 不合适，但由于经验的 TD 误差在每次试验结束时更新，更新后就能得到正确的值。将参数 episode 添加到 Q 网络的更新中。最后，在每次试验结束时，更新 TD 误差变量中的内容。此时，TD 误差暂时保存为 0 的 transition 也会更新为正确的 TD 误差。实现代码如下：

```
# 这是一个执行 CartPole 的环境


class Environment:

    def __init__(self):
        self.env = gym.make(ENV)  # 设置要执行的任务
        num_states = self.env.observation_space.shape[0]
        # 设置任务状态和动作的数量
        num_actions = self.env.action_space.n   # 获取 CartPole 的 2 个动作（向左或
                                                #                     向右）
        # 创建在环境中运行的智能体
        self.agent = Agent(num_states, num_actions)

    def run(self):
        ''' 执行 '''
        episode_10_list = np.zeros(10)  # 存储 10 次试验的连续站立步数
        complete_episodes = 0  # 持续站立 195 步或更多步的试验次数
        episode_final = False  # 最后一轮标志
```

```
frames = []  # 用于存储图像的变量，以使最后一轮成为动画

for episode in range(NUM_EPISODES):  # 重复试验次数
    observation = self.env.reset()  # 环境初始化

    state = observation  # 观察值作为状态值
    state = torch.from_numpy(state).type(
        torch.FloatTensor)  # numpy 变量转换为 PyTorch Tensor
    state = torch.unsqueeze(state, 0)  # 将 size 4 转换为 size 1×4

    for step in range(MAX_STEPS):  # 1 轮试验

        # 将动画绘制注释掉
        # 在最后一轮中，将各时刻的图像添加到帧中
        #    frames.append(self.env.render(mode='rgb_array'))

        action = self.agent.get_action(state, episode)  # 求采取的动作

        # 通过执行动作 a_t 找到 s_{t + 1} 和 done
        # 从 action 中指定 .item() 的内容并获取
        observation_next, _, done, _ = self.env.step(
            action.item())  # 不使用 reward、info，所以用 _

        # 给予奖励。对 episode 是否结束以及是否有下一个状态进行判断
        if done:  # 如果步数已超过 200，或者如果杆已倾斜超过某个角度，
                  #        则 done 为 true
            state_next = None  # 没有下一个状态，所以存储 None

            # 添加到最近的 10 次试验的站立步数列表
            episode_10_list = np.hstack(
                (episode_10_list[1:], step + 1))

            if step < 195:
                reward = torch.FloatTensor(
                    [-1.0])  # 如果倒下，给予奖励 -1 作为惩罚
                complete_episodes = 0  # 重置连续成功记录
            else:
                reward = torch.FloatTensor([1.0])
                # 站立到最后时奖励 1
                complete_episodes = complete_episodes + 1  # 更新连续记录
        else:
            reward = torch.FloatTensor([0.0])  # 通常奖励 0
            state_next = observation_next  # 保存观察为状态
            state_next = torch.from_numpy(state_next).type(
                torch.FloatTensor)  # numpy 变量转换为 PyTorch Tensor
            state_next = torch.unsqueeze(
                state_next, 0)  # size 4 转换为 size 1x4
```

```
# 为经验池添加经验
self.agent.memorize(state, action, state_next, reward)

# 将 TD 误差添加到 TD 误差变量中
self.agent.memorize_td_error(0)  # 应当存储 TD 误差，但是输入 0

# 优先经验回放更新 Q 函数
self.agent.update_q_function(episode)

# 观察值的更新
state = state_next

# 结束处理
if done:
    print('%d Episode: Finished after %d steps：10次试验的平均step数
        = %.1lf' % (
        episode, step + 1,
        episode_10_list.mean()))

    # 更新 TD 误差存储变量的内容
    self.agent.update_td_error_memory()

    # 添加 DDQN，每 2 次试验，将目标 Q 网络参数从主 Q 网络中复制
      过来
    if(episode % 2 == 0):
        self.agent.update_target_q_function()
    break

if episode_final is True:
    # 将动画绘制注释掉
    # 保存并绘制动画
    # display_frames_as_gif(frames)
    break

# 连续成功 10 轮
if complete_episodes >= 10:
    print('10轮连续成功')
    episode_final = True  # 使下一次尝试成为最后一轮，进行绘制
```

上面已经实现了优先经验回放的主体部分。完整的程序可以在本书支持页面上找到 [13]。

6.5 A2C 的实现

6.5.1 A2C 概述

本节描述并实现了一种深度强化学习方法 A2C[6]。A2C 源自 A3C，A3C 是一种分布式的深度强化学习方法，分布式学习算法采用多个 Agent 执行强化学习。A2C 的 A 代表 Advantage 学习和 Actor-Critic。A2C 是将这两种方法与分布式强化学习相结合的方法。在 A2C 中，所有 Agent 共享相同的深度神经网络。

使用 Actor-Critic 的 A2C 是一个难以理解的算法。通过将公式的描述与代码实现进行结合，则变得很容易理解，因此希望你能够同步进行公式和实现相对应的学习。另外，有关公式的准确表达式和推导过程的更多信息，请参见文献 [15]。

首先，我们将解释 Advantage 学习。在 Q 学习和 DQN 中更新 Q 函数时，通过学习 Q 函数，使 $Q(s_t, a_t)$ 接近 $R(t+1)+\gamma \cdot \max[Q(s_{t+1}, a)]$。我们使用一步后的动作价值函数的值 $Q(s_{t+1}, a)$ 来学习 $Q(s_t, a_t)$。Advantage 学习用两步以上而不是一步来更新 Q 函数。例如，当考虑后 2 个步时，Q 函数的更新如下：

$$Q(s_t, a_t) \rightarrow R(t+1) + \gamma \cdot R(t+2) + (\gamma^2) \cdot \max_a[Q(s_{t+2}, a)]$$

如果只看这个公式，会认为采用越多步来学习，Advantage 学习效果会越好，但并不是这么简单。为了使用未来步进行计算，需要确定 Advantage 步数后的动作。然而，在学习期间使用 Q 函数来确定这个动作，选择的动作不是真正最佳动作的概率会增加，并且学习的错误率也会增加。因此，并不是在 Advantage 上使用的步数越多，性能就越好，通常需使用具有合理步数的 Advantage 学习。

接下来，我们将讨论 Actor-Critic。Q 学习是一种价值迭代法，但 Actor-Critic 同时使用了策略迭代法和价值迭代法。

我们将解释 Actor-Critic 神经网络。首先要明确的是输入 – 输出关系，输入是一个状态变量，和前面 DQN 中的相同，是 CartPole 的位置、速度、角度和角速度这四个变量。输出是两个元素 Actor 和 Critic。Actor 具有与动作类型数量一样多的输出，因此，如果在 CartPole 中，Actor 的输出长度为 2。Critic 的输出表示状态值，因此在 CartPole 中 Actor-Critic 将有三个输出元素（见图 6.5）。Actor 的输出与 2.3 节迷宫任务中实现的策略迭代法的输出相同。针对输入的状态 s_t，它输出每个动作的优良度，即建议采用各个动作的程度。通过使用 softmax 函数转换该输出，可以根据状态 s_t 将其转换为动作的采用概率 $\pi(s_t, a)$。Critic 的输出是状态的价值 $V_{s_t}^{\pi}$，状态价值是在状态 s_t 之后获得的折扣奖励总和的期望值。

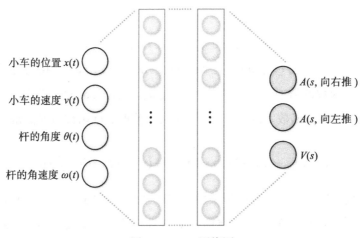

图 6.5　A2C 网络图

输入 – 输出关系的下一个要点是如何学习 Actor 和 Critic 神经网络的连接参数。需要定义一个误差函数来训练连接参数。为了定义误差函数，我们需要定义想要最小化（或最大化）的对象。在解释误差函数时有很多公式，可以在参考实现代码的同时理解这些公式。

在 Actor 中，要最大化的是继续在状态 s_t 中使用连接参数 θ 的神经网络获得的折扣奖励总和 $J(\theta, s_t)$。当使用策略梯度法时，该折扣奖励总和表示为 $J(\theta, s_t) = E[\log\pi_\theta(a|s)(Q^\pi(s, a)-V_s^\pi)]$。$E[]$ 是计算期望值的意思，在实现中是求小批量数据的平均值。$\log\pi_\theta(a|s)$ 是状态 s 下采取行动 a 的概率的对数。且 $Q^\pi(s, a)$ 是在状态 s 下采取动作 a 时的动作价值。但是，$Q^\pi(s, a)$ 被视为一个常数，而不是一个关于动作 a 的变量。在 A2C 中，通过 Advantage 学习计算动作价值。V_s^π 是状态价值，是 Critic 的输出。

在 Actor 中训练连接参数以最大化上述式子的值。在实现时，通过加上负号以最小化。请注意，在实现时，$Q^\pi(s, a)$ 将被视为常量。此外，在 A3C 和 A2C 中，策略的熵项被添加到 Actor 学习中。熵项是：

$$\text{Actor}_{\text{entropy}} = \sum^{a}[\pi_\theta(a\,|\,s)\log\pi_\theta(a\,|\,s)]$$

这里，求和意味着计算动作类型的总和。在策略为随机选择动作（即，学习初始阶段）的情况下，该熵具有最大值。另一方面，在仅选择一个动作的策略的情况下，该熵具有最小值。通过对于该熵添加负号并加到 Actor 的误差函数上，可在学习初始阶段慢慢学习连接参数并且避免落入局部解。

Critic 想要学习正确的状态价值 V_s^π，因此将实际行动获得的动作价值 $Q^\pi(s, a)$ 和输出 V_s^π 相匹配。所以我们使用

$$\text{loss}_{\text{Critic}} = (Q^\pi(s, a)-V_s^\pi)^2$$

作为损失函数，在 Critic 中训练连接参数以最小化该值。

这是关于 Actor-Critic 的概述。在实现 Actor-Critic 时，有些情况下会为 Actor 和 Critic 设计单独的神经网络，有时它们会共享神经网络输出层的前端。

在本节中，我们将以共享的方式来实现。

6.5.2 A2C 的实现

现在来说明 A2C 的实现过程。在本节中，我们将给出在 CartPole 中实现 A2C 的所有代码。本节中的实现参考了 OpenAI 的 A2C 实现示例等 [16,17]。首先，声明包：

```
# 包导入
import numpy as np
import matplotlib.pyplot as plt
%matplotlib inline
import gym
```

然后声明常量。除了前面的示例中常用的常量之外，还要定义为分布式学习准备的 Agent 程序数以及 Advantage 学习的 step 数。这里，准备了 16 个 Agent，Advantage 的 step 数设为 5。另外，定义 A2C 使用的常量。用于计算 A2C 误差函数的系数参考了 OpenAI 实现示例 [16]。

```
# 常量的设定
ENV = 'CartPole-v0'  # 要使用的任务名称
GAMMA = 0.99  # 时间折扣率
MAX_STEPS = 200  # 1 次试验中的步数
NUM_EPISODES = 1000  # 最大尝试次数

NUM_PROCESSES = 16  # 同时执行环境
NUM_ADVANCED_STEP = 5  # 设置提前计算奖励总和的步数
# 用于计算 A2C 的误差函数的常量设置
value_loss_coef = 0.5
entropy_coef = 0.01
max_grad_norm = 0.5
```

接下来，定义存储类 RolloutStorage。A2C 不需要用于经验回放的内容，但存储类可用于 Advantage 学习。

```
# 存储类定义
class RolloutStorage(object):
```

用于 Advantage 学习的存储类：

```python
def __init__(self, num_steps, num_processes, obs_shape):

    self.observations = torch.zeros(num_steps + 1, num_processes, 4)
    self.masks = torch.ones(num_steps + 1, num_processes, 1)
    self.rewards = torch.zeros(num_steps, num_processes, 1)
    self.actions = torch.zeros(num_steps, num_processes, 1).long()

    # 存储折扣奖励总和
    self.returns = torch.zeros(num_steps + 1, num_processes, 1)
    self.index = 0    # 要 insert 的索引

def insert(self, current_obs, action, reward, mask):
    ''' 存储 transition 到下一个 index'''
    self.observations[self.index + 1].copy_(current_obs)
    self.masks[self.index + 1].copy_(mask)
    self.rewards[self.index].copy_(reward)
    self.actions[self.index].copy_(action)

    self.index = (self.index + 1) % NUM_ADVANCED_STEP    # 更新索引

def after_update(self):
    ''' 当 Advantage 的 step 数已经完成时，最新的一个存储在 index0'''
    self.observations[0].copy_(self.observations[-1])
    self.masks[0].copy_(self.masks[-1])

def compute_returns(self, next_value):
    ''' 计算 'Advantage' 步骤中每个步骤的折扣奖励总和 '''

    # 注意：从第 5 步反向计算
    # 注意：第 5 步是 Advantage1，第 4 步是 Advantage2...
    self.returns[-1] = next_value
    for ad_step in reversed(range(self.rewards.size(0))):
        self.returns[ad_step] = self.returns[ad_step + 1] * \
            GAMMA * self.masks[ad_step + 1] + self.rewards[ad_step]
```

在 RolloutStorage 类中，mask 是一个表示试验结束的变量。如果下一步存在，则为 1；如果试验结束（即下一步不存在），则为 0。函数 insert 将当前 transition 添加到 RolloutStorage。函数 after_update 在 Advantage 的 5 步之后存储最新（最后）内容。函数 compute_returns 计算每一步的折扣奖励总和。compute_returns 很难理解，折扣奖励总和是从 Advantage 第 5 步反向计算的。

接下来，实现 A2C 深度神经网络。

```python
# A2C 深度神经网络的构建
import torch.nn as nn
import torch.nn.functional as F


class Net(nn.Module):

    def __init__(self, n_in, n_mid, n_out):
        super(Net, self).__init__()
        self.fc1 = nn.Linear(n_in, n_mid)
        self.fc2 = nn.Linear(n_mid, n_mid)
        self.actor = nn.Linear(n_mid, n_out)  # 因为动作已决定，输出就是动作类型的
                                              #                  数量
        self.critic = nn.Linear(n_mid, 1)  # 因为它是一个状态价值，输出 1

    def forward(self, x):
        ''' 定义网络前向计算 '''
        h1 = F.relu(self.fc1(x))
        h2 = F.relu(self.fc2(h1))
        critic_output = self.critic(h2)  # 状态价值的计算
        actor_output = self.actor(h2)  # 动作的计算

        return critic_output, actor_output

    def act(self, x):
        ''' 按概率求状态 x 的动作 '''
        value, actor_output = self(x)
        # 在动作类型方向计算 softmax,dim = 1
        action_probs = F.softmax(actor_output, dim=1)
        action = action_probs.multinomial(num_samples=1)
        # dim = 1 的动作类型方向的概率计算
        return action

    def get_value(self, x):
        ''' 从状态 x 获得状态价值 '''
        value, actor_output = self(x)

        return value

    def evaluate_actions(self, x, actions):
        ''' 从状态 x 获取状态值，记录实际动作的对数概率和熵 '''
        value, actor_output = self(x)

        log_probs = F.log_softmax(actor_output, dim=1)
        # 使用 dim = 1 在动作类型方向上计算

        action_log_probs = log_probs.gather(1, actions)
        # 求实际动作的 log_probs
```

```
        probs = F.softmax(actor_output, dim=1)  # 在 dim = 1 的动作类型方向上计算
        entropy = -(log_probs * probs).sum(-1).mean()

        return value, action_log_probs, entropy
```

准备好两个 `fc` 层后，在 Actor 端和 Critic 端准备好输出。函数 `act` 用于从状态 x 按概率求取动作，函数 `get_value` 确定状态 x 的状态价值，函数 `evaluate_actions` 在更新网络时使用。与 DQN 不同，这里不使用 ε- 贪婪法，因为这里按概率求取动作。最后的函数 `evaluate_actions` 使用状态 x 的状态价值 `state_value` 和实际执行的动作 `actions` 来计算动作的概率对数 `action_log_probs`，从而计算策略的熵。

接下来我们定义类 `Brain`，这是每个 Agent 的大脑。内容如 6.5.1 节所述。由于添加了许多注释，请使用注释与概要、代码进行比较并慢慢阅读。此外，这里的学习率高于使用 DQN 时的学习率。

```
# 定义 Agent 的大脑类并在所有 Agent 之间共享它们
import torch
from torch import optim


class Brain(object):
    def __init__(self, actor_critic):
        self.actor_critic = actor_critic  # actor_critic 是一个 Net 类深度神经
                                          # 网络
        self.optimizer = optim.Adam(self.actor_critic.parameters(), lr=0.01)

    def update(self, rollouts):
        ''' 对使用 Advantage 计算的所有 5 个步骤进行更新 '''
        obs_shape = rollouts.observations.size()[2:]  # torch.Size([4, 84, 84])
        num_steps = NUM_ADVANCED_STEP
        num_processes = NUM_PROCESSES

        values, action_log_probs, entropy = self.actor_critic.evaluate_actions(
            rollouts.observations[:-1].view(-1, 4),
            rollouts.actions.view(-1, 1))
        # 注意：每个变量的大小
        # rollouts.observations[:-1].view(-1, 4) torch.Size([80, 4])
        # rollouts.actions.view(-1, 1) torch.Size([80, 1])
        # values torch.Size([80, 1])
        # action_log_probs torch.Size([80, 1])
```

```
# entropy torch.Size([])

values = values.view(num_steps, num_processes,
                     1)  # torch.Size([5, 16, 1])
action_log_probs = action_log_probs.view(num_steps, num_processes, 1)

# Advantage 的计算（动作价值 – 状态价值）
advantages = rollouts.returns[:-1] - values  # torch.Size([5, 16, 1])

# 计算 critc 的损失 loss
value_loss = advantages.pow(2).mean()

# 计算 Actor 的 gain，然后添加负号以使其作为 loss
action_gain = (action_log_probs*advantages.detach()).mean()
# detach 并将 advantages 视为常数

# 误差函数总和
total_loss = (value_loss * value_loss_coef -
              action_gain - entropy * entropy_coef)

# 更新连接参数
self.actor_critic.train()  # 在训练模式中
self.optimizer.zero_grad()  # 重置梯度
total_loss.backward()  # 计算反向传播
nn.utils.clip_grad_norm_(self.actor_critic.parameters(), max_grad_norm)
# 使梯度大小最大为 0.5，以便连接参数不会一下子改变太多

self.optimizer.step()  # 更新连接参数
```

我们这次决定不使用 **Agent** 类。虽然也可以为分布式学习准备 **Agent** 类，但更容易理解 Environment 类中的多 Agent 处理。下面，Environment 类按下面的方式实现。Environment 类创建多个 Agent，并通过 Advantage 学习计算奖励。

```
# 要运行的环境类
import copy


class Environment:
    def run(self):
        ''' 主要运行 '''

        # 为要同时执行的环境数生成 envs
        envs = [gym.make(ENV) for i in range(NUM_PROCESSES)]
```

```
# 生成所有 Agent 共享的脑 Brain
n_in = envs[0].observation_space.shape[0]  # 状态数量是 4
n_out = envs[0].action_space.n  # 动作数量是 2
n_mid = 32
actor_critic = Net(n_in, n_mid, n_out)  # 生成深度神经网络
global_brain = Brain(actor_critic)

# 生成存储变量
obs_shape = n_in
current_obs = torch.zeros(
    NUM_PROCESSES, obs_shape)  # torch.Size([16, 4])
rollouts = RolloutStorage(
    NUM_ADVANCED_STEP, NUM_PROCESSES, obs_shape)  # rollouts 对象
episode_rewards = torch.zeros([NUM_PROCESSES, 1])  # 保存当前试验的奖励
final_rewards = torch.zeros([NUM_PROCESSES, 1])  # 保存最后试验的奖励
obs_np = np.zeros([NUM_PROCESSES, obs_shape])  # Numpy 数组
reward_np = np.zeros([NUM_PROCESSES, 1])  # Numpy 数组
done_np = np.zeros([NUM_PROCESSES, 1])  # Numpy 数组
each_step = np.zeros(NUM_PROCESSES)  # 记录每个环境中的 step 数
episode = 0  # 环境 0 的试验

# 初始状态
obs = [envs[i].reset() for i in range(NUM_PROCESSES)]
obs = np.array(obs)
obs = torch.from_numpy(obs).float()  # torch.Size([16, 4])
current_obs = obs  # 存储最新的 obs

# 将当前状态保存到对象 rollouts 的第一个状态以进行 advanced 学习
rollouts.observations[0].copy_(current_obs)

# 运行循环
for j in range(NUM_EPISODES*NUM_PROCESSES):  # for 循环整体代码
    # 计算 advanced 学习的每个 step 数
    for step in range(NUM_ADVANCED_STEP):
        # 求取动作
        with torch.no_grad():
            action = actor_critic.act(rollouts.observations[step])

        # (16,1)→(16,)→tensor到NumPy
        actions = action.squeeze(1).numpy()

        # 运行 1 步
        for i in range(NUM_PROCESSES):
            obs_np[i], reward_np[i], done_np[i], _ = envs[i].step(
                actions[i])

            # 判断当前 episode 是否终止以及是否有下一个状态
            if done_np[i]:  # 如果步数已超过 200，或者杆倾斜超过某个角度，
                            # done 为 true
```

```
                    # 仅在环境 0 时输出
                    if i == 0:
                        print('%d Episode: Finished after %d steps' % (
                            episode, each_step[i]+1))
                        episode += 1

                    # 设置奖励
                    if each_step[i] < 195:
                        reward_np[i] = -1.0  # 如果中途倒下则奖励 -1
                    else:
                        reward_np[i] = 1.0  # 站立到结束时奖励 1

                    each_step[i] = 0  # 重置 step 数
                    obs_np[i] = envs[i].reset()  # 重置执行环境

                else:
                    reward_np[i] = 0.0  # 通常奖励 0
                    each_step[i] += 1

        # 将奖励转换为 tensor 并添加到试验总奖励中
        reward = torch.from_numpy(reward_np).float()
        episode_rewards += reward

        # 对于每个执行环境，如果 done，则将 mask 设置为 0；如果继续，则
          将 mask 设置为 1
        masks = torch.FloatTensor(
            [[0.0] if done_ else [1.0] for done_ in done_np])
        # 更新最后一次试验的总奖励
        final_rewards *= masks  # 如果正在进行则乘以 1 并保持原样，否则重
                                  置为 0
        # 如果完成，乘以 0 以重置
        final_rewards += (1 - masks) * episode_rewards

        # 更新试验的总奖励
        episode_rewards *= masks  # 正在进行的 mask 是 1，所以它保持不变；
                                    done 时 mask 为 0

        # done 时，将当前状态设置为全 0
        current_obs *= masks

        # 更新 current_obs
        obs = torch.from_numpy(obs_np).float()  # torch.Size([16, 4])
        current_obs = obs  # 存储最新的 obs

        # 现在将 step 的 transition 放入存储对象
        rollouts.insert(current_obs, action.data, reward, masks)

    # 结束 advanced 的 for 循环
```

```
# 从 advanced 的最终 step 的状态计算预期的状态价值

with torch.no_grad():
    next_value = actor_critic.get_value(
        rollouts.observations[-1]).detach()
    # rollouts.observations 的大小是 torch.Size([6, 16, 4])

# 计算所有步骤的折扣奖励总和并更新 rollouts 的变量 returns
rollouts.compute_returns(next_value)

# 网络和 rollouts 的更新
global_brain.update(rollouts)
rollouts.after_update()

# 如果所有 NUM_PROCESSES 都连续超过 200 步，则成功
if final_rewards.sum().numpy() >= NUM_PROCESSES:
    print('连续成功')
    break
```

这里实现过程的重点是，在 Advantage 学习中，Advangate 的步数为 5，但它还包括 1~4 步的 Advantage 学习。在函数 run 中，Advangate 每 5 步执行一次。对于这 5 个步骤中的全部 transition，我们都实现 1~5 步的 Advantage 学习。

以上完成了 A2C 实现过程。执行以下代码以学习。学习在大约 30 到 80 次试验中完成（在 1 个环境下）。

```
# main学习
cartpole_env = Environment()
cartpole_env.run()
```

如上所述，本章介绍了深度强化学习在 DQN 之后出现的典型算法，并通过 CartPole 实现并解释了部分重要的算法。在下一章中，我们将使用亚马逊网络服务（Amazon Web Services，AWS）构建 GPU 的执行环境，并解释如何在 DQN 演示中使用消砖块（Breakout）游戏来实现 A2C 的方法。

参考文献

[1] Van Hasselt, Hado, Arthur Guez, and David Silver. "Deep Reinforcement Learning with Double Q-Learning." AAAI. Vol. 16. 2016.

[2] Wang, Ziyu, et al. "Dueling network architectures for deep reinforcement learning." arXiv preprint arXiv:1511.06581 (2015).

[3] Schaul, Tom, et al. "Prioritized experience replay." arXiv preprint arXiv:1511.05952 (2015).

[4] Mnih, Volodymyr, et al. "Asynchronous methods for deep reinforcement learning." International Conference on Machine Learning. 2016.

[5] Nair, Arun, et al. "Massively parallel methods for deep reinforcement learning." arXiv preprint arXiv:1507.04296 (2015).

[6] OpenAI Baselines: ACKTR & A2C https://blog.openai.com/baselines-acktr-a2c/

[7] Jaderberg, Max, et al. "Reinforcement learning with unsupervised auxiliary tasks." arXiv preprint arXiv:1611.05397 (2016).

[8] Schulman, John, et al. "Trust region policy optimization." International Conference on Machine Learning. 2015.

[9] Schulman, John, et al. "Proximal policy optimization algorithms." arXiv preprint arXiv:1707.06347 (2017).

[10] Wu, Yuhuai, et al. "Scalable trust-region method for deep reinforcement learning using Kronecker-factored approximation." Advances in neural information processing systems. 2017.

[11] Mnih, Volodymyr, et al. "Playing atari with deep reinforcement learning." arXiv preprint arXiv:1312.5602 (2013).

[12] Mnih, Volodymyr, et al. "Human-level control through deep reinforcement learning." Nature 518.7540 (2015) : 529.

[13] 本書サポートページ
https://github.com/YutaroOgawa/Deep-Reinforcement-Learning-Book

[14] LET'S MAKE A DQN: DOUBLE LEARNING AND PRIORITIZED EXPERIENCE REPLAY
https://jaromiru.com/2016/11/07/lets-make-a-dqn-double-learning-and-prioritized-experience-replay/

[15] これからの強化学習 （著）牧野貴樹ら 森北出版

[16] https://github.com/openai/baselines/tree/master/baselines/a2c

[17] https://github.com/ikostrikov/pytorch-a2c-ppo-acktr

第 **7** 章

在 AWS GPU 环境中实现消砖块游戏

7.1 消砖块游戏"Breakout"的描述

在本章中，对消砖块游戏进行实现和解释，这一游戏导致深度强化学习受到广泛关注。原始的视频[1]是使用 DQN（深度 Q 学习）来实现的，在本章中我们将使用新算法 A2C 来实现它。

在本节中，我们将介绍消砖块游戏"Breakout"并实际尝试一下该游戏。本节内容将在本地 PC 上执行。

消砖块游戏的正式名称叫作 Atari Breakout。与 CartPole 一样，它可以在 OpenAI 的 Gym 上运行[2]。在这个游戏中，需要玩家左右移动屏幕下部的球拍（杆），打破屏幕上部的方块，并使球不会落到屏幕下方（见图 7.1）。

构建一个在 Windows 10 上执行 Breakout 的环境。启动 Anaconda，选择你创建的虚拟环境并打开终端。然后在终端中执行以下命令：

```
pip install --no-index -f https://github.com/Kojoley/atari-py/releases
 atari_py
pip install opencv-python
```

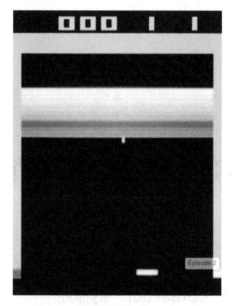

图 7.1   消砖块游戏 "Breakout"

现在可以在 Windows 10 上运行 Breakout 了。现在从你的虚拟环境中打开一个新的 Jupyter Notebook 页面。首先，导入包：

```
# 包导入
import numpy as np
import matplotlib.pyplot as plt
%matplotlib inline
import gym
```

然后设置游戏：

```
# 游戏设置
ENV = 'Breakout-v0'    # 要使用的任务名称
env = gym.make(ENV)    # 设置要执行的任务
```

首先，让我们了解 Breakout 的状态和动作。输入并执行以下代码。

```
# 了解游戏的状态和动作

# 状态
print(env.observation_space)
# Box(210, 160, 3)
```

```
# 动作
print(env.action_space)
print(env.unwrapped.get_action_meanings())
# Discrete(4)
# ['NOOP', 'FIRE', 'RIGHT', 'LEFT']、0: 什么也不做、1: 发射球、2: 向右移
   动、3: 向左移动
```

该任务的状态是 210 像素高和 160 像素宽的 RGB 信息。CartPole 的实
现使用了诸如小车的位置和速度之类的信息作为其状态，而不是图像信息。
Breakout 中没有这样的物理信息，它将图像本身用作状态。因此，状态的维度
非常高，状态有 $210 \times 160 \times 3 = 100\,800$ 个，大约有 100 000 维。在 CartPole
任务中状态是 4 维，因此很显然两者是不同的。

该任务的动作有 4 种。NOOP 是 No-Operation 的缩写，意思是什么也不做。
FIRE 意味着发射球。RIGHT 和 LEFT 分别是将屏幕下方的横杆向右和向左移动。

让我们绘制初始状态。

```
# 尝试绘制初始状态
observation = env.reset()  # 环境初始化
plt.imshow(observation)  # 显示画面
```

初始状态如图 7.2 所示。

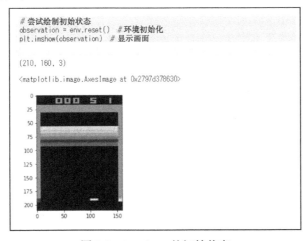

图 7.2　Breakout 的初始状态

然后，尝试随机操作，将游戏的状态保存到动画中并进行查看。与前面讲过的绘制和保存动画的函数相同，只更改保存的文件名。

```python
# 声明动画的绘图函数
# 参考URL http://nbviewer.jupyter.org/github/patrickmineault
# /xcorr-notebooks/blob/master/Render%20OpenAI%20gym%20as%20GIF.ipynb
from JSAnimation.IPython_display import display_animation
from matplotlib import animation
from IPython.display import display


def display_frames_as_gif(frames):
    """
    Displays a list of frames as a gif, with controls
    """
    plt.figure(figsize=(frames[0].shape[1]/72.0, frames[0].
shape[0]/72.0),
                dpi=72)
    patch = plt.imshow(frames[0])
    plt.axis('off')

    def animate(i):
        patch.set_data(frames[i])

    anim = animation.FuncAnimation(plt.gcf(), animate,
frames=len(frames),
                                    interval=50)

    anim.save('breakout.mp4')  # 视频保存的文件名
    display(display_animation(anim, default_mode='loop'))
# 适当地行动吧

frames = []  # 用于存储图像的变量
observation = env.reset()  # 环境初始化

for step in range(1000):  # 循环最多 1000 轮
    frames.append(observation)  # 保存图像而不进行转换
    action = np.random.randint(0, 4)  # 求 0~3 的随机动作
    observation_next, reward, done, info = env.step(action)  # 执行

    observation = observation_next  # 更新状态

    if done:  # 完成后退出循环
        break

display_frames_as_gif(frames)  # 保存并绘制动画
```

执行上面的代码将绘制一个动画，如图 7.3 所示。

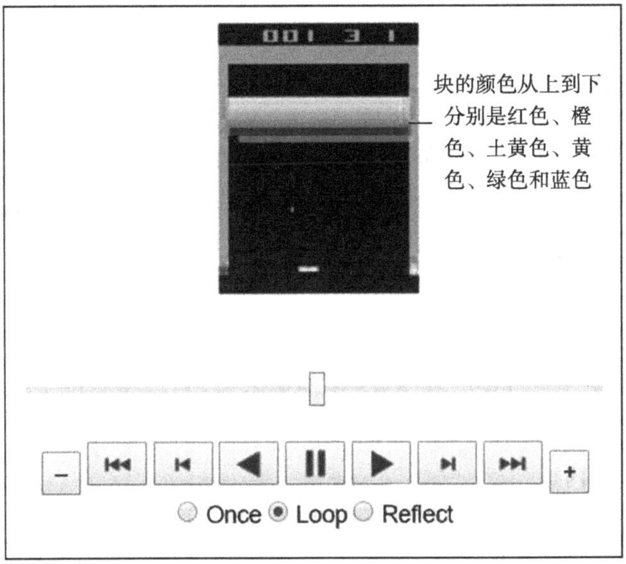

图 7.3   随机移动 Breakout 的结果

这里解释一下屏幕顶部的数字 [3]。最左边的数字是总分，每次的得分取决于消除的块的颜色。屏幕下方的蓝色和绿色块为 1 分，中间的黄色和土黄色块为 4 分，屏幕上方的橙色和红色块为 7 分。此外，当球在具有较高分数的块中反弹时，球加速并且反弹更快。中间的数字是生命值（剩余的尝试次数）。Breakout 初始生命值为 5。因此，如果失败 5 次，游戏将结束，变量 done 变为 True。最右边的数字显示了球员 / 球队的数量，但在这里的环境中它是无关紧要的，可以忽略。

以上说明了能让 Breakout 工作的全部内容。下面所要做的就是与 CartPole 一样应用深度强化学习。虽然也可以在本地 PC 上学习，但需要相对长的学习时间，因此我们将使用 AWS GPU 机器。在下一节中，我们将解释如何在 AWS GPU 机器上构建实现和执行深度学习的环境。

7.2 准备在 AWS 上使用 GPU 所需要的深度学习执行环境

7.2.1 创建 AWS 账户

在本节中，我们将解释如何使用亚马逊网络服务（AWS）的 GPU 机器，为深度学习和深度强化学习构建实现 / 执行环境。如果 Anaconda 现在在你的本地 PC 上运行，请关闭它。

亚马逊、微软、谷歌等公司均提供使用云端 GPU 机器的服务。本书使用亚马逊的 AWS（见图 7.4），在 AWS 中使用名为 EC2（Elastic Compute Cloud，弹性计算云）的虚拟服务器。AWS 具有亚马逊机器镜像（Amazon Machine Images，AMI）功能，可保存虚拟服务器的软件配置。使用 AMI，你可以轻松地在云上复制已配置的服务器。

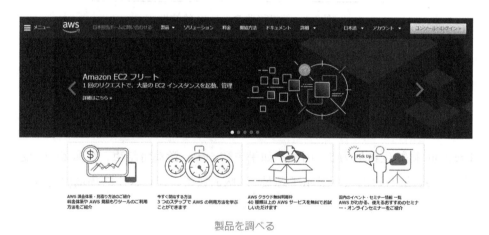

图 7.4　AWS 的主页面

除了在 AWS 上自行创建 AMI 之外，还有亚马逊为深度学习准备的 AMI——AWS 深度学习 AMI（https://aws.amazon.com/jp/machine-learning/amis/）。深度学习 AMI 预装了 Python、Jupyter Notebook 和 PyTorch 等深度学习的软件包。

此外，还安装了使用 GPU 的 NVIDIA CUDA 驱动程序和 cuDNN 驱动程序。因此，你可以基于 GPU 平台快速构建用于执行深度学习的环境。

虽然本书中使用的 EC2 和 AMI 不是免费的，但学习消砖块 Breakout 大约需要 3 个小时，总费用不到 500 日元。

下面将介绍 AWS 中的环境构建。首先，在 AWS 的主页面（https://aws.amazon.com/jp/）上通过"立即注册"创建账户。创建过程在 AWS 的账户创建流程（https://aws.amazon.com/jp/register-flow/）中有详细说明。

7.2.2　Ubuntu 终端的安装

接下来，在本地 PC 上准备一个用于访问 AWS 虚拟服务器的环境。这里，将在 Windows 10 的环境中进行解释。在这种情况下，我们将使用 Windows 10 的 Windows Subsystem for Linux(WSL) 功能在 Windows 上启用名为 Ubuntu 的 Linux 操作系统。

请按照以下步骤操作。

1）从开始菜单列表中选择"Windows 系统工具"，然后打开"控制面板"。
2）在控制面板中打开"程序"。
3）单击"程序和功能"中的"启用或禁用 Windows 功能"。
4）选中"Windows Subsystem for Linux"，然后单击"OK"按钮（见图 7.5）。
5）从开始菜单打开"Microsoft Store"。
6）搜索"ubuntu"并单击橙色应用程序（见图 7.6）。
7）将显示 Ubuntu 应用程序屏幕。单击"安装"按钮并下载（见图 7.7）。
8）从"开始"菜单打开 Ubuntu。首先执行 Installing。
9）输入用户名并确定（见图 7.8）。
10）设置密码，确认后再次输入。

图 7.5 Ubuntu 的安装——选中 "Windows Subsystem for Linux"

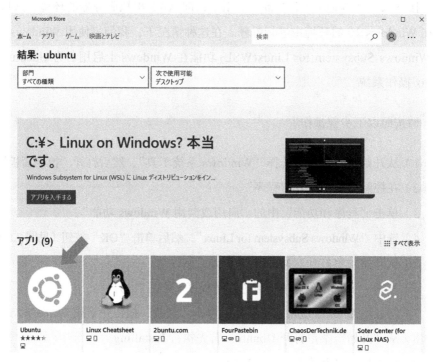

图 7.6 在 Microsoft Store 上搜索 ubuntu

图 7.7　Ubuntu 的安装（Microsoft Store）

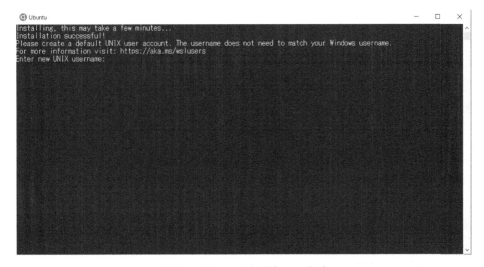

图 7.8　Ubuntu 的安装——终端

现在，你可以在 Windows 10 上使用 Ubuntu 的终端了。

7.2.3　创建用于与虚拟服务器通信的密钥

接下来，创建在 Ubuntu 终端上与 AWS 创建的虚拟服务器通信时使用的密钥。

1）从 Windows 10 打开 Ubuntu 终端并在终端上键入 ssh-keygen。按三次 Enter 键以生成密钥。

```
ssh-keygen
```

2）执行以下命令，将创建的密钥复制到文档文件夹。

```
cp .ssh/id_rsa.pub /mnt/c/Users/ [user name] /Documents/
```

请注意，[user name] 部分应更改为你的用户名。此 [user name] 不是在 Ubuntu 安装时确定的用户名，而是登录到 Windows 的用户名。应该有一个文件夹 C:\Users\[user name]，请检查一下。

如果执行上述操作，将在 C:\Users\[user name]\Documents 文件夹中创建名为 id_rsa.pub 的文件。这是与 AWS 虚拟服务器通信的密钥。

7.2.4　在 AWS 上构建用于执行深度学习的虚拟服务器

构建 GPU 机器，在 AWS 上作为虚拟服务器执行深度学习和深度强化学习。

1）请登录 AWS 的控制台界面 https://aws.amazon.com/jp/。

2）转换到图 7.9 中的控制台界面后，将右上角区域设置为俄勒冈州。

图 7.9　AWS 控制台屏幕

区域不一定是俄勒冈州，这里是为了选择 GPU 虚拟服务器的价格更便宜的区域。这次，使用" GPU p2.xlarge"，这是 AWS EC2 中的 GPU 机器，如果地区为俄勒冈州或俄亥俄州的 p2.xlarge，则价格为每小时 0.90 美元。就东京地区而言，价格高达每小时 1.542 美元（截至 2018 年 5 月）[4]。

3）单击控制台页面顶部菜单栏中的"服务"，然后选择计算下的" EC2"（见图 7.10）。

图 7.10　在 AWS 上选择 EC2 实例

4）单击屏幕最左侧菜单下方的"Key Pair"（见图 7.11）。然后单击"导入密钥对"。

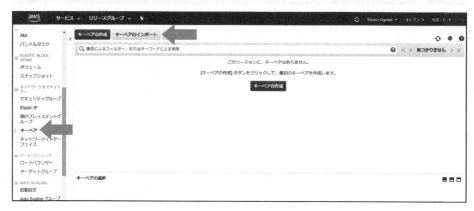

图 7.11 导入 AWS 密钥对（1）

5）单击"选择文件"，然后从先前创建的 C:\ Users \ [user name] \ Documents 文件夹中选择 id_rsa.pub 文件。然后点击"导入"（见图 7.12）。

图 7.12 导入 AWS 密钥对（2）

6）单击屏幕左端菜单顶部的"EC2 Dashboard"，返回 EC2 Dashboard 页面，然后单击"Create Instance"（见图 7.13）。

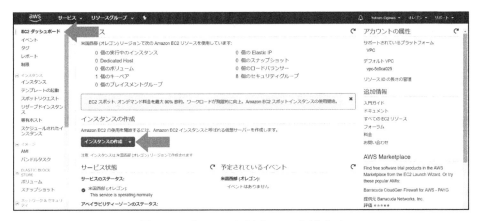

图 7.13　在 AWS 上创建 EC2 实例（1）

7）选择屏幕左侧的 AWS Marketplace 选项卡，搜索"deep learning ubuntu"，找到"Deep Learning AMI(Ubuntu)"，然后单击"选择"（见图 7.14）。

图 7.14　在 AWS 上创建 EC2 实例（2）

8）单击"继续"（见图 7.15）。

9）选择实例类型"p2.xlarge"，然后单击"检查并创建"（见图 7.16）。

10）单击屏幕右下角的"创建"。出现密钥设置页面时，选择"选择现有密钥对"，设置为 `id_rsa`，选中复选框，然后单击"创建实例"（见图 7.17）。

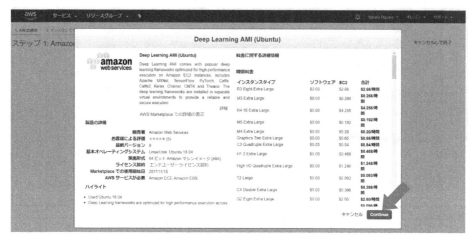

图 7.15　在 AWS 3 上创建 EC2 实例（3）

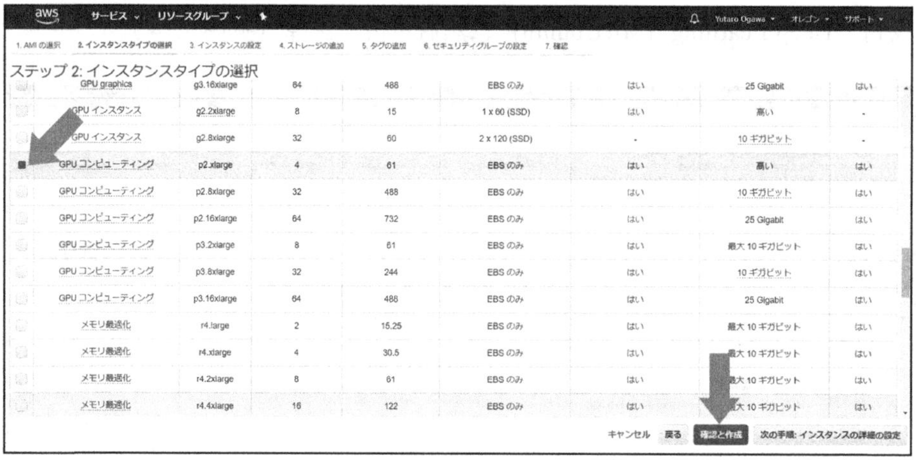

图 7.16　在 AWS 上创建 EC2 实例（4）

11）单击"已启动下一个实例的创建"旁边的链接（见图 7.18）。

12）进行状态检查，首先"初始化"，大约等待 5 分钟出现"我通过了 2/2 测试"（见图 7.19）。最后，请复制屏幕右下方的"IPv4 Public IP"。

这样就完成了在 AWS 的 GPU 机器上启动 EC2 实例的过程。

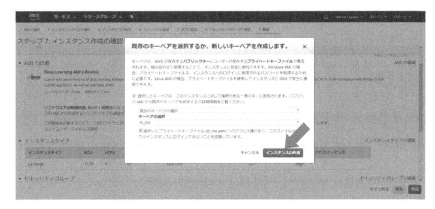

图 7.17　在 AWS 5 上创建 EC2 实例（5）

图 7.18　在 AWS 6 上创建 EC2 实例（6）

图 7.19　在 AWS 7 上创建 EC2 实例（7）

7.2.5 准备 Breakout 的执行环境

最后，在虚拟服务器上安装 AMI 的"Deep Learning AMI(Ubuntu)"中未包含的软件包。

1）从 Windows 开始菜单中选择 Ubuntu，然后打开 Ubuntu 终端。

2）使用 SSH 从 Ubuntu 终端连接到虚拟服务器。输入以下命令：

```
ssh ubuntu@[ip address] -L8888:localhost:8888
```

在 [ip address] 部分输入 AWS 虚拟服务器的 IP 地址。命令的后半部分 -L8888:localhost:8888 是连接虚拟服务器的端口 8888 和本地 PC 的端口 8888 的设置，以便可以在本地 PC 上查看由虚拟服务器启动的 Anaconda 的页面。端口号为 8888，因为 Anaconda 的默认端口为 8888。

3）当询问"您确定要继续连接（是 / 否）？"时，输入 yes 并按 Enter 键。现在可以从 Ubuntu 终端操作虚拟服务器。

4）逐个执行以下命令以更新环境。最后的 conda update 需要一些时间才能开始运行。

```
sudo apt-get update
sudo -H pip3 install --upgrade pip
conda update -n base conda
```

5）由于虚拟服务器无法像本地 PC 一样使用 Anaconda Navigator，因此需要从命令行启动虚拟环境。与本地 PC 的情况不同，已经存在通过"Deep Learning AMI(Ubuntu)"安装 PyTorch 的虚拟环境。这里使用的虚拟环境的名称是"pytorch_p36"。名称的后半部分的 p36 意味着 Python 版本为 3.6。请输入以下命令：

```
source activate pytorch_p36
```

6）键入以下命令安装四个软件包。`tqdm` 是一个允许你掌握 `for` 语句进度的包。深度学习需要大量时间，因此能够掌握进度是很有帮助的。

```
pip install tqdm
pip install opencv-python
pip install gym
pip install atari-py
```

7）为 `breakout` 创建一个文件夹。输入以下命令以创建文件夹 "breakout" 并进入它。

```
mkdir breakout
cd breakout
```

8）安装并行运行 OpenAI Gym 环境所需的软件包。由于无法使用 `pip` 安装，请输入以下命令。"`baselines`" 是 OpenAI 的官方包 [5]。

```
git clone https://github.com/openai/baselines.git
cd baselines
pip install -e .
```

9）启动 Jupyter Notebook。此外，由于端口会发生冲突，如果 Anaconda 在本地 PC 上，请先关闭它。输入以下命令从文件夹 "baseline" 移动到文件夹 "breakout" 并启动 Jupyter Notebook。第一次启动 Jupyter Notebook 需要一些时间。

```
cd ..
jupyter notebook
```

10）进入以下页面，如图 7.20 中 "Copy/paste this URL into your browser when you connect for the first time, to login with a token: http://localhost:8888/?token=6fff66fb9629b0bd753b6508523b2249e42da47ecad9391b" 所述，复制该地址，用本地 PC 浏览器打开。另外，如果在第一次打开的时候不成功，例如在浏览器上显示 "无法访问"，请在 Ubuntu 终端上按 Ctrl + C 组合键以停止 Jupyter Notebook 并关闭 Ubuntu 终端。然后再次启动 Ubuntu 终端并再试一次。如果遇到这种情况，请在之后的页面上输入以下命令。

```
ssh ubuntu@[ip adress] -L8888:localhost:8888
source activate pytorch_p36
cd breakout
jupyter notebook
```

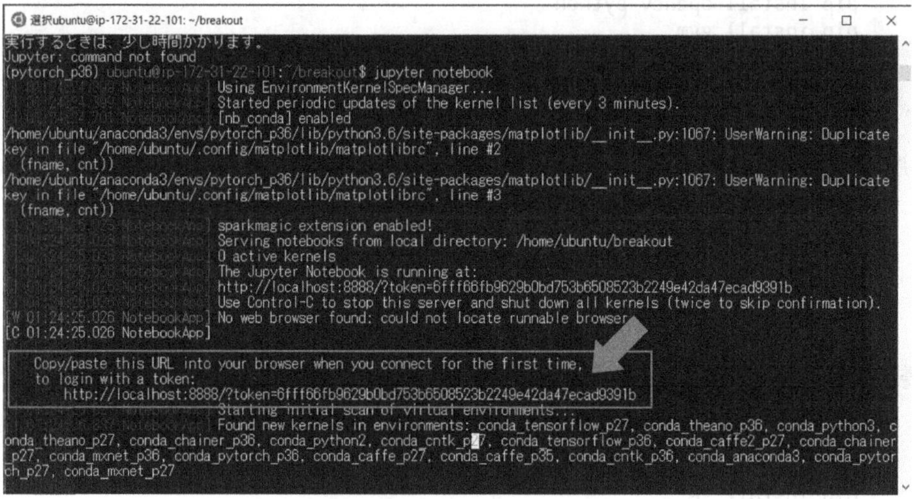

图 7.20　在虚拟服务器上启动 Jupyter Notebook（1）

11）从浏览器访问时，将显示如图 7.21 所示的页面。

图 7.21　在虚拟服务器上启动 Jupyter Notebook（2）

12）环境创建完成。接下来编写代码，如果在 GPU 平台上编写代码，在此期间每小时花费约 1 美元，这很浪费。首先，停止 AWS 的 EC2 实例。请注意，AWS 启动的 Jupyter Notebook 可以上传由第 2 章中的 Try Jupyter 创建的程序，或者反过来下载 EC2 中的文件。在 Ubuntu 终端上按 Ctrl + C 组合键并关闭 Ubuntu 终端，停止 Jupyter Notebook。

13）打开 AWS EC2 Dashboard。右键单击已启动实例的"running"，选择"实例的状态"，单击"Stop"（见图 7.22），然后状态变为"stopping"。过了一会儿，它变成了"stopped"，实例停止了。此外，即使它处于停止状态，也可能需要一点费用（存储费用），因此你应该删除已决定不再使用的实例，而不只是让它们处于"stopped"状态。

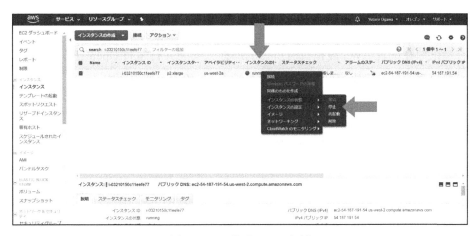

图 7.22　停止 AWS 实例

你现在拥有了使用 AWS GPU 机器虚拟服务器执行深度学习和深度强化学习的环境。在下一节中，我们将讨论 Breakout 学习的四个关键思想，以实现 Breakout 的深度强化学习。

7.3　学习 Breakout 的四个关键思想

7.3.1　设置本地 PC 的环境

需要做一些准备工作来学习 Breakout，这里对其加以说明。首先，在本地

PC 上和 AWS 一样准备 Gym 的并行执行环境。

在本地 PC 上打开 Anaconda Navigator，从左端菜单栏中选择 "Environments"，单击上一个虚拟环境 "rl_env" 的 [▶]，选择 "open terminal"，然后打开终端。打开终端后输入 `mkdir breakout` 以创建文件夹 breakout。然后使用 `cd breakout` 进入文件夹。

```
mkdir breakout
cd breakout
```

正如在配置 AWS 虚拟机时所做的那样，安装并行运行 OpenAI Gym 环境所需的软件包。请执行以下命令。如果没有 git 软件，请安装它。

```
pip install tqdm
pip install opencv-python
git clone https://github.com/openai/baselines.git
cd baselines
pip install -e .
```

关闭终端，和前几章一样，在 Anaconda Navigator 的左端菜单中的 "Home" 中将 "Applications on" 设置为 "rl_env"，然后单击 Jupyter Notebook 上的 "Launch"。当 Jupyter Notebook 在浏览器中打开时，应该有一个文件夹 "breakout"，单击它并进入文件夹 "breakout"，应该只存在文件夹 "baselines"。单击右上角的 "New" 按钮，然后单击 "Python 3" 以启动新文件。

启动新文件时，文件名为 "Untitled"，要对其进行修改。请单击文件名并将其更改为 "7_breakout_learning"，这意味着是学习 Breakout 的程序。

7.3.2　学习 Breakout 的关键思想

下面说明学习 Breakout 的四个关键思想并实现它们。首先，导入 Breakout 学习程序所使用的包。

```
# 包导入
import numpy as np
from collections import deque
from tqdm import tqdm

import torch
import torch.nn as nn
import torch.nn.functional as F
import torch.optim as optim

import gym
from gym import spaces
from gym.spaces.box import Box
```

第一个思想是 No-Operation。这将执行一个什么也不做的动作（a = 0），在重置 Breakout 执行环境后，0~30 步内不执行任何操作，这称为 No-Operation。像这样在适当的步骤中不采取任何措施的原因是为了使游戏的初始状态变得不同，并防止从特定的开始状态学习特定的情况。

第二个思想是 Episodic Life。Breakout 有 5 次生命，所以如果失败 5 次，游戏将结束。如果允许无数次的失败会很麻烦，所以只要失败一次游戏就结束。但是，如果在每次失败后完全重置，将只能学习初始状态，而无法学习各种状态。因此，尽管每次失败时都会有一个重置，但是会在保持消去的块依然在消的状态下开始下一轮试验，然后在 5 次失败后完全重置。

第三个思想是 Max and Skip。Breakout 游戏以 60Hz 的速度进行，但是如果以这个速度操作它，将每 4 帧判断一次动作并在 4 个连续帧中进行相同的动作，因此 Agent 的动作是 15Hz。然而，在 Gym 的 Atari 游戏中，出现在奇数帧和偶数帧中的图像是不同的，所以在 Breakout 中输出另一个图像，其为第三帧和第四帧中的最大值，让 Agent 看到最大值图像并以 15 Hz 的频率运行。

第四个思想是 Warp frame。Breakout 的图像高 210 像素，宽 160 像素，由 RGB 3 值组成。将此转换为高度和宽度为 84 像素的灰度图像，这和 " Nature" 上发表的 DQN 论文一样 [6]。

在 Breakout 执行时引入上述四个思想。OpenAI 已经准备了一个类来包装执行环境以引入这些想法（`atari_wrappers.py`）[7]。可以按原样调用它，但为了确认其内容，我们来实现它。下面是具体的实现过程。

```python
# 设置执行环境
# 参考：https://github.com/openai/baselines/blob/master/baselines/common/atari_
  wrappers.py

import cv2
cv2.ocl.setUseOpenCL(False)


class NoopResetEnv(gym.Wrapper):
    def __init__(self, env, noop_max=30):
        ''' 第一个思想 No-Operation。重置后，在适当的步骤中不做任何事情，通过
        改变游戏开始 f 的初始状态来防止仅在特定的开始状态下学习 '''

        gym.Wrapper.__init__(self, env)
        self.noop_max = noop_max
        self.override_num_noops = None
        self.noop_action = 0
        assert env.unwrapped.get_action_meanings()[0] == 'NOOP'

    def reset(self, **kwargs):
        """ 对于 [1, noop_max] 范围内的一定步数不执行任何动作 """
        self.env.reset(**kwargs)
        if self.override_num_noops is not None:
            noops = self.override_num_noops
        else:
            noops = self.unwrapped.np_random.randint(
                1, self.noop_max + 1)  # pylint: disable=E1101
        assert noops > 0
        obs = None
        for _ in range(noops):
            obs, _, done, _ = self.env.step(self.noop_action)
            if done:
                obs = self.env.reset(**kwargs)
        return obs
    def step(self, ac):
        return self.env.step(ac)


class EpisodicLifeEnv(gym.Wrapper):
    def __init__(self, env):
        ''' 第二个思想 Episode Life，1 次失败后重置，并从失败时的状态开始下一
        次 '''
```

```python
        gym.Wrapper.__init__(self, env)
        self.lives = 0
        self.was_real_done = True

    def step(self, action):
        obs, reward, done, info = self.env.step(action)
        self.was_real_done = done
        # 检查当前的 lives，求一次生命周期的损失
        # 然后更新 lives 以执行下一次
        lives = self.env.unwrapped.ale.lives()
        if lives < self.lives and lives > 0:
            # 对于 Qbert，有时我们在几帧内保持 lives==0 这个条件，
            # 保持 lives>0 很重要，
            # 所以我们仅重置一次 0 环境配置完成。
            done = True
        self.lives = lives
        return obs, reward, done, info

    def reset(self, **kwargs):
        ''' 如果 5 次机会都失败，请重置 '''
        if self.was_real_done:
            obs = self.env.reset(**kwargs)
        else:
            # 无操作步骤，从上一次丢失生命的状态继续
            obs, _, _, _ = self.env.step(0)
        self.lives = self.env.unwrapped.ale.lives()
        return obs


class MaxAndSkipEnv(gym.Wrapper):
    def __init__(self, env, skip=4):
        ''' 第三个思想 Max and Skip。在 4 个连续帧中执行相同的操作，
        并使最后的 3 或 4 帧的最大值的图像为 obs'''
        gym.Wrapper.__init__(self, env)
        # 最近的愿始观察（跨时间步的最大池）
        self._obs_buffer = np.zeros(
            (2,)+env.observation_space.shape, dtype=np.uint8)
        self._skip = skip
    def step(self, action):
        """ 重复动作，汇总奖励，并在最后的观察中设置最大值 """
        total_reward = 0.0
        done = None
        for i in range(self._skip):
            obs, reward, done, info = self.env.step(action)
            if i == self._skip - 2:
                self._obs_buffer[0] = obs
            if i == self._skip - 1:
                self._obs_buffer[1] = obs
```

```
            total_reward += reward
            if done:
                break
        # 注意 done=True 帧上的观察不重要
        max_frame = self._obs_buffer.max(axis=0)

        return max_frame, total_reward, done, info

    def reset(self, **kwargs):
        return self.env.reset(**kwargs)


class WarpFrame(gym.ObservationWrapper):
    def __init__(self, env):
        ''' 第四个思想 Warp  frame。使图像尺寸与 "Nature" 上发表的 DQN 论文中
        相同，为 84×84 灰度图像 '''
        gym.ObservationWrapper.__init__(self, env)
        self.width = 84
        self.height = 84
        self.observation_space = spaces.Box(low=0, high=255,
                                            shape=(self.height, self.width, 1),
                                            dtype=np.uint8)

    def observation(self, frame):
        frame = cv2.cvtColor(frame, cv2.COLOR_RGB2GRAY)
        frame = cv2.resize(frame, (self.width, self.height),
                           interpolation=cv2.INTER_AREA)
        return frame[:, :, None]


class WrapPyTorch(gym.ObservationWrapper):
    def __init__(self, env=None):
        '''wrap 改变 PyTorch 小批量的顺序 '''
        super(WrapPyTorch, self).__init__(env)
        obs_shape = self.observation_space.shape
        self.observation_space = Box(
            self.observation_space.low[0, 0, 0],
            self.observation_space.high[0, 0, 0],
            [obs_shape[2], obs_shape[1], obs_shape[0]],
            dtype=self.observation_space.dtype)

    def observation(self, observation):
        return observation.transpose(2, 0, 1)
```

我们定义了引入的 4 个思想和一个与 PyTorch 环境匹配的包装类 WrapPyTorch。
WrapPyTorch 的实现参考了文献 [8]。作为图像数据的变量 observation 的索
引是颜色 × 垂直 × 水平的顺序，将它改变为垂直 × 水平 × 颜色的顺序，从

而使 PyTorch 的小批量处理更容易。虽然 DQN 会限制奖励大小在 -1 和 1 之间，但如果只是进行 Breakout，则不需要限制奖励。

接下来，定义函数 make_env，该函数创建一个环境，用于在多个进程中并行执行 Breakout。在第 6 章 CartPole 的 A2C 实现中，使用 for 语句创建了多个 Agent，但本章使用了 SubprocVecEnv 类，这是 OpenAI 提供的多进程环境。将上面定义的 4 个思想和 PyTorch 用的包装类应用于执行环境 env。

```python
# 执行环境生成函数的定义

# 并行执行环境
from baselines.common.vec_env.subproc_vec_env import SubprocVecEnv


def make_env(env_id, seed, rank):
    def _thunk():
        '''_thunk() 是在多进程环境中执行 SubprocVecEnv 所必需的 '''

        env = gym.make(env_id)
        env = NoopResetEnv(env, noop_max=30)
        env = MaxAndSkipEnv(env, skip=4)
        env.seed(seed + rank)  # 设置随机数种子
        env = EpisodicLifeEnv(env)
        env = WarpFrame(env)
        env = WrapPyTorch(env)
        return env

    return _thunk
```

这样就实现并说明了执行 Breakout 的关键思想，接着将其包装起来，在执行环境 env 下实现 A2C。下一节中，我们将在本地 PC 上实现 A2C。

7.4　A2C 的实现（上）

在本节中，我们将实现一个程序，该程序使用 A2C 算法针对消砖块 Breakout 在本地 PC 上执行深度强化学习。流程与第 6 章中的例子相同，但需要注意数据大小等不同。

首先设置常量。请在上一节程序中继续实现以下内容。

```
# 常量的设定

ENV_NAME = 'BreakoutNoFrameskip-v4'
# 使用 BreakoutNoFrameskip-v4 而不是 Breakout-v0
# v0 时帧会随机跳过 2~4 帧, 但这里采用没有跳帧的版本
# 参考URL https://becominghuman.ai/lets-build-an-atari-ai-part-1-dqn-
  df57e8ff3b26
# https://github.com/openai/gym/blob/5cb12296274020db9bb6378ce54276b
  31e7002da/gym/envs/__init__.py#L371

NUM_SKIP_FRAME = 4 # 要跳过的帧数
NUM_STACK_FRAME = 4 # 作为状态连续保持的帧数
NOOP_MAX = 30 # 将 reset 时 No-operation 帧夹在中间的随机数上限
NUM_PROCESSES = 16 # 并行执行的进程数
NUM_ADVANCED_STEP = 5 # 设置提前计算奖励总和的步数
GAMMA = 0.99 # 时间折扣率

TOTAL_FRAMES=10e6 # 用于学习的总帧数
NUM_UPDATES = int(TOTAL_FRAMES / NUM_ADVANCED_STEP / NUM_PROCESSES)
# 网络更新总次数
# NUM_UPDATES 将为 125 000
# 计算 A2C 损失函数的常数设置
value_loss_coef = 0.5
entropy_coef = 0.01
max_grad_norm = 0.5
# 学习方法 RMSprop 的参数设定
lr = 7e-4
eps = 1e-5
alpha = 0.99
```

设置常量时要注意两点。因为"Breakout-v0"随机跳过 2 ~ 3 帧, 所以使用"BreakoutNoFrameskip-v4", 它不会跳帧。此外, 这里设置使用 RMSprop 而不是 Adam 的梯度下降法更新和学习连接参数。下面, 设置对 GPU 的使用情况。

```
# 使用 GPU 的设置
use_cuda = torch.cuda.is_available()
device = torch.device("cuda" if use_cuda else "cpu")
print(device)
```

在 GPU 环境中, cuda 被自动分配给变量 device, 在 CPU 环境下分配了 cpu。

之后与第 6 章中的 A2C 几乎相同。首先，我们定义用于 Advantage 学习的
存储类 `RolloutStorage`。基本上与第 6 章相同，但使用 `.to(device)` 指
令，如果是 GPU 环境则自动地使用 GPU。在 PyTorch 中使用 `.to(device)`
很有用，因为在不确定 CPU 和 GPU 环境的情况下，可以在任意环境中执行相
同的程序。

```python
# 存储对象的定义


class RolloutStorage(object):
    ''' 为 Advantage 学习的存储类 '''

    def __init__(self, num_steps, num_processes, obs_shape):

        self.observations = torch.zeros(
            num_steps + 1, num_processes, *obs_shape).to(device)
        # 使用 * 获取 ( ) 列表的内容
        # obs_shape→(4,84,84)
        # *obs_shape→ 4 84 84
        self.masks = torch.ones(num_steps + 1, num_processes, 1).to(device)
        self.rewards = torch.zeros(num_steps, num_processes, 1).to(device)
        self.actions = torch.zeros(
            num_steps, num_processes, 1).long().to(device)

        # 存储折扣奖励总和
        self.returns = torch.zeros(num_steps + 1, num_processes, 1).
                        to(device)
        self.index = 0  # insert 的索引

    def insert(self, current_obs, action, reward, mask):
        ''' 将 transition 存储到下一个索引 '''
        self.observations[self.index + 1].copy_(current_obs)
        self.masks[self.index + 1].copy_(mask)
        self.rewards[self.index].copy_(reward)
        self.actions[self.index].copy_(action)

        self.index = (self.index + 1) % NUM_ADVANCED_STEP  # 更新索引

    def after_update(self):
        ''' 当 Advantage 的步骤数已经完成时，最新的一个存储在 index0 中 '''
        self.observations[0].copy_(self.observations[-1])
        self.masks[0].copy_(self.masks[-1])

    def compute_returns(self, next_value):
```

```
''' 计算 'Advantage' 中每步的折扣奖励和 '''

# 注意：从第 5 步后反向计算
# 注意：第 5 步是 Advantage1，第 4 步是 Advantage2，...
self.returns[-1] = next_value
for ad_step in reversed(range(self.rewards.size(0))):
    self.returns[ad_step] = self.returns[ad_step + 1] * \
        GAMMA * self.masks[ad_step + 1] + self.rewards[ad_step]
```

接下来，我们定义 Actor-Critic 深度神经网络。

```
# A2C 深度神经网络的构建


def init(module, gain):
    ''' 定义一个初始化网络连接参数的函数 '''
    nn.init.orthogonal_(module.weight.data, gain=gain)
    nn.init.constant_(module.bias.data, 0)
    return module


class Flatten(nn.Module):
    ''' 定义一个层，将卷积层的输出图像转换成一维 '''

    def forward(self, x):
        return x.view(x.size(0), -1)


class Net(nn.Module):
    def __init__(self, n_out):
        super(Net, self).__init__()

        # 连接参数的初始化函数
        def init_(module): return init(
            module, gain=nn.init.calculate_gain('relu'))

        # 卷积层的定义
        self.conv = nn.Sequential(
            # 图像尺寸变化 84 × 84 → 20 × 20
            init_(nn.Conv2d(NUM_STACK_FRAME, 32, kernel_size=8, stride=4)),
            # 要堆叠的 frame 是 4 个图像，因此 input= NUM_STACK_FRAME = 4，
              输出为 32
            # size 的计算 size=(Input_size-Kernel_size + 2 * Padding_
              size)/Stride_size + 1

            nn.ReLU(),
            # 图像尺寸变化 20 × 20 → 9 × 9
```

```
            init_(nn.Conv2d(32, 64, kernel_size=4, stride=2)),
            nn.ReLU(),
            init_(nn.Conv2d(64, 64, kernel_size=3, stride=1)),
            # 图像尺寸变化 9×9 → 7×7
            nn.ReLU(),
            Flatten(),   # 将图像格式转换成一维
            init_(nn.Linear(64 * 7 * 7, 512)),   # 将 64 个 7×7 图像转换成 512 维的
                                                    输出
            nn.ReLU()
        )

        # 连接参数的初始化函数
        def init_(module): return init(module, gain=1.0)

        # Critic 的定义
        self.critic = init_(nn.Linear(512, 1))   # 因为是状态价值，输出为 1 个值

        # 连接参数的初始化函数
        def init_(module): return init(module, gain=0.01)

        # Actor 的定义
        self.actor = init_(nn.Linear(512, n_out))   # 由于确定了动作，输出是动作类型
                                                       的数量

        # 将网络设置为训练模式
        self.train()

    def forward(self, x):
        ''' 定义网络前向计算 '''
        input = x / 255.0   # 将图像的像素值 0~255 标准化为 0~1
        conv_output = self.conv(input)   # 卷积层的计算
        critic_output = self.critic(conv_output)   # 状态价值的计算
        actor_output = self.actor(conv_output)   # 动作的计算

        return critic_output, actor_output

    def act(self, x):
        ''' 由状态 x 按概率求动作 '''
        value, actor_output = self(x)
        probs = F.softmax(actor_output, dim=1)   # 在 dim = 1 的动作类型方向上计算
        action = probs.multinomial(num_samples=1)

        return action

    def get_value(self, x):
        ''' 从状态 x 获得状态价值 '''
        value, actor_output = self(x)

        return value
```

```
def evaluate_actions(self, x, actions):
    ''' 从状态 x 获取状态价值，求实际动作 actions 的对数概率和熵 '''
    value, actor_output = self(x)
    log_probs = F.log_softmax(actor_output, dim=1)
    # 使用 dim = 1 在动作类型方向上计算
    action_log_probs = log_probs.gather(1, actions)
    # 求实际行动的 log _probs

    probs = F.softmax(actor_output, dim=1)  # 在 dim = 1 的动作类型方向上计算
    dist_entropy = -(log_probs * probs).sum(-1).mean()

    return value, action_log_probs, dist_entropy
```

这里的深度神经网络与第 6 章中使用的有三处不同。

第一个区别是它有卷积层。卷积层是一种可以很好地处理图像数据的神经网络结构。有关卷积的详细信息，请参见文献 [9] 等。

第二个区别是初始化神经网络的连接参数。CartPole 是一个简单的问题，不需要特别注意其初始化，但是在将深度学习应用于复杂问题时，网络的初始化非常重要。存在各种初始化方法，这里采用的初始化方法是使得连接参数的初始值变为正交矩阵。有关初始化的详细信息，请参见文献 [9]。

第三个区别是来自过去 4 帧的图像被视为一个状态并输入到神经网络中。这是因为只能用一帧来获得球的位置，但是通过过去 2 帧可以看到速度，通过过去 3 帧可以看到加速度，DQN 的论文 [6] 使用上述 4 帧。这可能有一些令人困惑，它与上一节介绍的第三个思想 Max and Skip 的 4 帧不同。如果在每 4 帧跳过的情况下使用过去 4 帧，以 60Hz 来计数，则可将当前帧、4 帧前、8 帧前、12 帧前组合成一个状态来使用。

接下来，定义 Brain 类，这与第 6 章几乎相同。但是，我们将用于连接参数更新学习的梯度下降法改为 RMSprop。尽管在程序中注释掉了，但我们也提供了加载连接参数的说明。

```python
# 定义 Agent 的大脑类并在所有 Agent 之间共享它们


class Brain(object):
    def __init__(self, actor_critic):

        self.actor_critic = actor_critic  # actor_critic 是一个 Net 类的深度神经
                                          #                网络

        # 加载连接参数
        #filename = 'weight.pth'
        #param = torch.load(filename, map_location='cpu')
        # self.actor_critic.load_state_dict(param)

        # 设置参数更新的梯度方法
        self.optimizer = optim.RMSprop(
            actor_critic.parameters(), lr=lr, eps=eps, alpha=alpha)

    def update(self, rollouts):
        ''' 使用所有 5 个 advanced 计算步骤进行更新 '''
        obs_shape = rollouts.observations.size()[2:]  # torch.Size([4, 84, 84])
        num_steps = NUM_ADVANCED_STEP
        num_processes = NUM_PROCESSES

        values, action_log_probs, dist_entropy = self.actor_critic.evaluate_actions(
            rollouts.observations[:-1].view(-1, *obs_shape),
            rollouts.actions.view(-1, 1))

        # 注意：每个变量的大小
        # rollouts.observations[:-1].view(-1, *obs_shape) torch.Size([80, 4, 84,
        #   84])
        # rollouts.actions.view(-1, 1) torch.Size([80, 1])
        # values torch.Size([80, 1])
        # action_log_probs torch.Size([80, 1])
        # dist_entropy torch.Size([])

        values = values.view(num_steps, num_processes,
                             1)  # torch.Size([5, 16, 1])
        action_log_probs = action_log_probs.view(num_steps, num_processes, 1)

        advantages = rollouts.returns[:-1] - values  # torch.Size([5, 16, 1])
        value_loss = advantages.pow(2).mean()

        action_gain = (advantages.detach() * action_log_probs).mean()
        # detach 并将 advantages 视为常量
        total_loss = (value_loss * value_loss_coef -
                      action_gain - dist_entropy * entropy_coef)
```

```
self.optimizer.zero_grad()  # 重置梯度
total_loss.backward()  # 计算反向传播
nn.utils.clip_grad_norm_(self.actor_critic.parameters(), max_grad_norm)
# 使梯度大小最大为 0.5, 以便连接参数不会一次改变太多

self.optimizer.step()  # 更新连接参数
```

最后，定义执行环境的类 Environment。此处的处理流程与第 6 章中的类 Environment 相同。但是请注意 Tensor 尺寸，因为输入数据是图像，所以处理的 Tensor 大小是不同的。另外，请注意将四帧组合成一个状态。由于我们这次使用的是多进程环境 SubprocVecEnv，因此不为每个 Agent 设置 for 循环计算。此外，每 100 次循环输出得分，查看此输出以确定学习是否正确。最后，定期保存连接参数。

```
# 执行 Breakout 的环境类


class Environment:
    def run(self):

        # 种子设置
        seed_num = 1
        torch.manual_seed(seed_num)
        if use_cuda:
            torch.cuda.manual_seed(seed_num)

        # 构建执行环境
        torch.set_num_threads(seed_num)
        envs = [make_env(ENV_NAME, seed_num, i) for i in range(NUM_PROCESSES)]
        envs = SubprocVecEnv(envs)  # 多进程执行环境

        # 生成所有 Agent 共享的脑 brain
        n_out = envs.action_space.n  # 动作类型为 4
        actor_critic = Net(n_out).to(device)  # 到 GPU
        global_brain = Brain(actor_critic)

        # 生成存储变量
        obs_shape = envs.observation_space.shape  # (1, 84, 84)
        obs_shape = (obs_shape[0] * NUM_STACK_FRAME,
                     *obs_shape[1:])  # (4, 84, 84)
        # torch.Size([16, 4, 84, 84])
        current_obs = torch.zeros(NUM_PROCESSES, *obs_shape).to(device)
        rollouts = RolloutStorage(
            NUM_ADVANCED_STEP, NUM_PROCESSES, obs_shape)  # rollouts 的对象
        episode_rewards = torch.zeros([NUM_PROCESSES, 1])  # 保存当前试验的奖励
```

```
final_rewards = torch.zeros([NUM_PROCESSES, 1])  # 保存最后一轮试验的奖励和

# 初始状态并开始
obs = envs.reset()
obs = torch.from_numpy(obs).float() # torch.Size([16, 1, 84, 84])
current_obs[:, -1:] = obs  # 存储 obs 到第四个 frame 中

# 将当前状态保存到对象 rollouts 的第一个状态以进行 Advanced 学习
rollouts.observations[0].copy_(current_obs)

# 运行循环
for j in tqdm(range(NUM_UPDATES)):
    # 计算 advanced 学习的 step 数
    for step in range(NUM_ADVANCED_STEP):

        # 求动作
        with torch.no_grad():
            action = actor_critic.act(rollouts.observations[step])

        cpu_actions = action.squeeze(1).cpu().numpy()  # tensor 转换为 NumPy

        # 1 步并行执行，返回值 obs 的大小为 (16,1,84,84)
        obs, reward, done, info = envs.step(cpu_actions)

        # 将奖励转换为 tensor 并添加到试验总奖励中
        # 将 size 从 (16,) 转换到 (16, 1)
        reward = np.expand_dims(np.stack(reward), 1)
        reward = torch.from_numpy(reward).float()
        episode_rewards += reward

        # 对于每个执行环境，如果 done，则 mask 为 0
        #  如果正在进行，则 mask 设为 1
        masks = torch.FloatTensor(
            [[0.0] if done_ else [1.0] for done_ in done])

        # 更新最终试验的总奖励
        final_rewards *= masks
        # 如果正在进行，则乘以 1 并保持原样，done 后，乘以 0 并重置
        # 正在进行时加 0，done 时加 episode_rewards
        final_rewards += (1 - masks) * episode_rewards

        # 更新试验总奖励
        episode_rewards *= masks  # 正在进行时 mask 是 1，所以它保持不变

        # masks 到 GPU
        masks = masks.to(device)

        # done 时，将当前状态设置为全 0
        # 将 mask 的大小转换为 torch.Size([16,1]) → torch.
          size([16,1,1,1]) 并相乘
```

```
        current_obs *= masks.unsqueeze(2).unsqueeze(2)

        # 堆叠 frame
        # torch.Size([16, 1, 84, 84])
        obs = torch.from_numpy(obs).float()
        current_obs[:, :-1] = current_obs[:, 1:]   # 用 1~3 个覆盖 0~2 个
        current_obs[:, -1:] = obs   # 将最近的 obs 存入第四个

        # 将当前 step 的 transition 插入存储对象
        rollouts.insert(current_obs, action.data, reward, masks)

    # advanced 的 for 循环结束

    # 从 advanced 的最后一步的状态计算预期的状态价值
    with torch.no_grad():
        next_value = actor_critic.get_value(
            rollouts.observations[-1]).detach()

    # 计算所有步骤的折扣奖励和并更新 rollouts 的变量 returns
    rollouts.compute_returns(next_value)

    # 网络和 rollouts 的更新
    global_brain.update(rollouts)
    rollouts.after_update()

    # 输出训练情况
    if j % 100 == 0:
        print("finished frames {}, mean/median reward {:.1f}/{:.1f},
            min/max reward {:.1f}/{:.1f}".
            format(j*NUM_PROCESSES*NUM_ADVANCED_STEP,
                    final_rewards.mean(),
                    final_rewards.median(),
                    final_rewards.min(),
                    final_rewards.max()))

    # 保存连接参数
    if j % 12500 == 0:
        torch.save(global_brain.actor_critic.state_dict(),
                    'weight_'+str(j)+'.pth')

# 循环运行结束
torch.save(global_brain.actor_critic.state_dict(), 'weight_end.pth')
```

最后运行：

```
# 运行
breakout_env = Environment()
breakout_env.run()
```

尝试在本地环境中运行，确保学习能顺利进行。在我的本地笔记本电脑（ThinkPad X1 Carbon 5th Signature Edition，CPU 为 Inter(R) Core(TM) i7-7500 CPU @ 2.70 GHz 2.90 GHz，内存 16 GB，无 GPU）上，所需要的学习时间约 11.5 小时（见图 7.23）。大约运行 30 分钟确认一下，如图 7.23 所示，平均可以得到 3 分奖励，基本可以认为顺利地进行了学习。

到目前为止，已在本地环境中实现了 Breakout 的 A2C。在下一节中，我们将在 AWS GPU 机器上运行此程序。

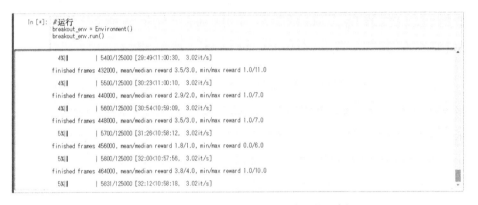

图 7.23　本地环境中 Breakout 学习的示例

7.5　A2C 的实现（下）

在本节中，我们将在 AWS GPU 机器上训练 A2C 并在本地可视化其结果。首先，请将本地环境中的 Anaconda 关闭。

登录 AWS 控制台并移动至 EC2 Dashboard。7.2 节中构建的 GPU 虚拟服务器目前处于"stopped"状态。和停止服务器时所做操作类似，右键单击状态"stopped"，选择"实例状态"并单击"开始"。将出现一个确认画面，询问"您是否要启动这些实例？"单击"开始"按钮。

当实例状态为"running"且状态检查为"已通过 2/2 检查"时启动完成，大约需要 5 分钟。实例启动后，在本地 PC 上打开 Ubuntu 终端，并使用 ssh 连接到 EC2 实例，如 7.2 节所述。请注意，重新启动 EC2 实例时，IP 地址已更改。

```
ssh ubuntu@[ip adress] -L8888:localhost:8888
source activate pytorch_p36
cd breakout
jupyter notebook
```

在浏览器中打开 EC2 实例的 Jupyter Notebook 后，只存在文件夹"baselines"。请参阅第 2 章中的 Try Jupyter 的说明，单击画面右上角的"Upload"按钮，选择在本地环境中创建的"7_breakout_learning.ipynb"，然后上传。

如果可以上传，我们将从顶部开始执行。如果"使用 GPU 的设置"单元格输出的是 cuda，则可以使用 GPU。运行大约 15 分钟后的结果如图 7.24 所示。你可以检查学习是否正在进行。最后，学习总共花费约 3 小时就结束了，比在作者的本地环境上运行快 3 ～ 4 倍。

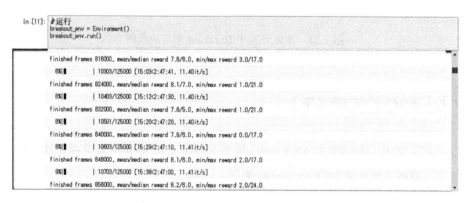

图 7.24 AWS 的 Breakout 学习的样子

执行后，让我们使用保存的连接参数在本地环境中回放。由于 AWS 是虚拟服务器计算机，因此显示输出结果很麻烦。建议在本地环境中查看结果的输出，因为在本地环境中显示相对容易，并且在 GPU 机器上运行用于计算以外的应用程序需要更多的费用。如 2.1 节所述，你可以像 Try Jupyter 一样轻松下载文件。只需选中 Jupyter Notebook 主页面上文件名左侧的复选框，然后单击"download"按钮进行下载（见图 7.25）。

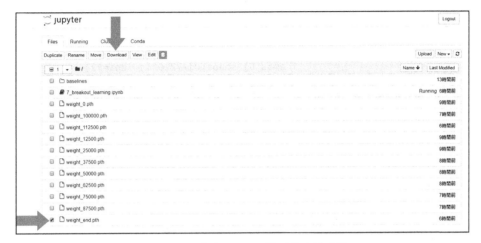

图 7.25　下载在 AWS 上学习的连接参数

然后创建一个程序 "7_breakout_play.ipynb"，以便在本地环境中回放。基本上和学习程序相同，但学习程序使用第四个思想 Warp frame 包装 Breakout 的执行环境，所以输出图像为 84×84 像素的灰度图像。因此，我们准备一个单独的执行环境，用于保存一个环境和随机数种子。

下面仅列出与学习任务的程序不同的部分。完整程序请参阅本书支持页面 [10]。首先，如前几章所述定义动画绘图函数。由于还没有导入 Matplotlib 包，所以我们先导入它。

```
# 导入包
import matplotlib.pyplot as plt
%matplotlib inline

# 定义动画的绘图函数
# 参考URL http://nbviewer.jupyter.org/github/patrickmineault
# /xcorr-notebooks/blob/master/Render%20OpenAI%20gym%20as%20GIF.ipynb
```

```
from JSAnimation.IPython_display import display_animation
from matplotlib import animation
from IPython.display import display


def display_frames_as_gif(frames):
    """
    以 gif 形式显示帧的列表，并带有控件
    """
    plt.figure(figsize=(frames[0].shape[1]/72.0*1,
                        frames[0].shape[0]/72.0*1), dpi=72)
    patch = plt.imshow(frames[0])
    plt.axis('off')

    def animate(i):
        patch.set_data(frames[i])

    anim = animation.FuncAnimation(plt.gcf(), animate,
                                   frames=len (frames),
                                   interval=20)

    anim.save('breakout.mp4')  # 保存到动画的文件名
    display(display_animation(anim, default_mode='loop'))
```

接下来，创建另一个将包含 Breakout 执行环境的类更改为回放的类。创建类 EpisodicLifeEnvPlay，即使只有一次失败，它也完全重新启动块的状态。再创建一个类 MaxAndSkipEnvPlay，以便仅将第四帧作为图像输出，而不使用第三帧和第四帧的最大值。定义函数 make_env_play，它创建由这些类包装的执行环境，如下所示。此外，对函数 make_env 的环境做一点修改，更改为能够用于回放。

```
# 回放的执行环境


class EpisodicLifeEnvPlay(gym.Wrapper):
    def __init__(self, env):
        ''' 第二个思想 Episodic Life，在一次失败时重置，并以失败时的
        状态开始下一步。这次，为了回放，当一次失败时，也会在复位时复位
        图中块的状态 '''

        gym.Wrapper.__init__(self, env)

    def step(self, action):
```

```
        obs, reward, done, info = self.env.step(action)
        # 有 5 条命（剩下的机会），但是即使减少 1 条也结束
        if self.env.unwrapped.ale.lives() < 5:
            done = True

        return obs, reward, done, info

    def reset(self, **kwargs):
        ''' 即使一次失败也会完全重置 '''

        obs = self.env.reset(**kwargs)

        return obs


class MaxAndSkipEnvPlay(gym.Wrapper):
    def __init__(self, env, skip=4):
        ''' 第三个思想 Max and Skip。连续 4 帧执行相同的操作，最后 4 帧图像作
        为 obs'''
        gym.Wrapper.__init__(self, env)
        # 最近的原始观察（跨时间步的最大池化）
        self._obs_buffer = np.zeros(
            (2,)+env.observation_space.shape, dtype=np.uint8)
        self._skip = skip
    def step(self, action):
        """ 重复动作，汇总奖励，并将最近的观察设为最大值 """
        total_reward = 0.0
        done = None
        for i in range(self._skip):
            obs, reward, done, info = self.env.step(action)
            if i == self._skip - 2:
                self._obs_buffer[0] = obs
            if i == self._skip - 1:
                self._obs_buffer[1] = obs
            total_reward += reward
            if done:
                break

        return obs, total_reward, done, info

    def reset(self, **kwargs):
        return self.env.reset(**kwargs)
# 执行环境生成函数的定义

# 并行执行环境
from baselines.common.vec_env.subproc_vec_env import SubprocVecEnv


def make_env(env_id, seed, rank):
```

```
    def _thunk():
        '''_thunk() 是在多进程环境中执行 SubprocVecEnv 所必需的 '''

        env = gym.make(env_id)
        #env = NoopResetEnv(env, noop_max=30)
        env = MaxAndSkipEnv(env, skip=4)
        env.seed(seed + rank)  # 设置随机数种子
        #env = EpisodicLifeEnv(env)
        env = EpisodicLifeEnvPlay(env)
        env = WarpFrame(env)
        env = WrapPyTorch(env)

        return env

    return _thunk


def make_env_play(env_id, seed, rank):
    ''' 回放的执行环境 '''
    env = gym.make(env_id)
    #env = NoopResetEnv(env, noop_max=30)
    #env = MaxAndSkipEnv(env, skip=4)
    env = MaxAndSkipEnvPlay(env, skip=4)
    env.seed(seed + rank)  # 设置随机数种子
    env = EpisodicLifeEnvPlay(env)
    #env = WarpFrame(env)
    #env = WrapPyTorch(env)

    return env
```

Brain 类在初始化函数 init 中取消了注释掉的"当加载连接参数时"部分，也就是说这回需要加载连接参数。这次，我们将使用在训练结束时保存的连接参数文件"weight_end.pth"。

最后，更改 Environment 类。并行执行的环境数量 NUM_PROCESSES 应为 1，并使用相同的随机数种子来初始化执行环境 env_play，运行的同时从 env_play 中获取图像。这里，如果奖励超过 300，则结束运行，并保存和播放该试验的动画。在以下代码中，为播放而添加的部分也加上了注释。此外，用于网络更新的 global_brain.update(rollouts) 已注释掉，以避免更新连接参数。

```
# 执行 Breakout 的环境类

NUM_PROCESSES = 1


class Environment:
    def run(self):

        # 种子设置
        seed_num = 1
        torch.manual_seed(seed_num)
        if use_cuda:
            torch.cuda.manual_seed(seed_num)

        # 构建执行环境
        torch.set_num_threads(seed_num)
        envs = [make_env(ENV_NAME, seed_num, i) for i in range(NUM_PROCESSES)]
        envs = SubprocVecEnv(envs)  # 制作多进程执行环境

        # 生成所有 Agent 共享的脑 Brain
        n_out = envs.action_space.n  # 动作类型为 4
        actor_critic = Net(n_out).to(device)  # GPU
        global_brain = Brain(actor_critic)

        # 生成存储变量
        obs_shape = envs.observation_space.shape  # (1, 84, 84)
        obs_shape = (obs_shape[0] * NUM_STACK_FRAME,
                    *obs_shape[1:])  # (4, 84, 84)
        # torch.Size([16, 4, 84, 84])
        current_obs = torch.zeros(NUM_PROCESSES, *obs_shape).to(device)
        rollouts = RolloutStorage(
            NUM_ADVANCED_STEP, NUM_PROCESSES, obs_shape)  # rollouts对象
        episode_rewards = torch.zeros([NUM_PROCESSES, 1])  # 保存当前试验的奖励
        final_rewards = torch.zeros([NUM_PROCESSES, 1])  # 保存最后一轮试验的奖励和

        # 初始状态
        obs = envs.reset()
        obs = torch.from_numpy(obs).float()  # torch.Size([16, 1, 84, 84])
        current_obs[:, -1:] = obs  # 将 obs 存储到第 4 帧

        # 将当前状态保存到对象 rollouts 的第一个状态以进行 advanced 学习
        rollouts.observations[0].copy_(current_obs)

        # 绘图环境（添加回放）
        env_play = make_env_play(ENV_NAME, seed_num, 0)
        obs_play = env_play.reset()

        # 存储图像变量以使其成为动画（添加播放）
        frames = []
```

```
main_end = False

# 执行循环
for j in tqdm(range(NUM_UPDATES)):

    # 如果奖励超过标准，则结束（添加播放）
    if main_end:
        break

    # 计算 advanced 学习的各 step 数
    for step in range(NUM_ADVANCED_STEP):

        # 求动作
        with torch.no_grad():
            action = actor_critic.act(rollouts.observations[step])

        cpu_actions = action.squeeze(1).cpu().numpy()  # 将 tensor 转为 NumPy 格式

        # 1step 并行执行，返回值 obs 的大小为 (16,1,84,84)
        obs, reward, done, info = envs.step(cpu_actions)

        # 将奖励转换为 Tensor 并添加到试验总奖励中
        # 将该奖励大小转换为 (16,) 到 (16,1)
        reward = np.expand_dims(np.stack(reward), 1)
        reward = torch.from_numpy(reward).float()
        episode_rewards += reward

        # 对于每个执行环境，如果 done，则将 mask 设置为 0；如果继续，则
        #   将 mask 设置为 1
        masks = torch.FloatTensor(
            [[0.0] if done_ else [1.0] for done_ in done])

        # 更新最后一轮试验的总奖励
        final_rewards *= masks  # 如果继续，则乘 1 以不改变
                                #      如果 done，则乘以 0 以重置
        # 继续时加 0，done 时加 episode_rewards
        final_rewards += (1 - masks) * episode_rewards

        # 获取图像（添加回放）
        obs_play, reward_play, _, _ = env_play.step(cpu_actions[0])
        frames.append(obs_play)  # 保存转换后的图像
        if done[0]:  # 当第一个并行环境结束时
            print(episode_rewards[0][0].numpy())  # 奖励

            # 如果奖励超过 300，则结束
            if (episode_rewards[0][0].numpy()) > 300:
                main_end = True
                break
```

```
      else:
          obs_view = env_play.reset()
          frames = []  # 重置已保存的图像

# 更新试验总奖励
episode_rewards *= masks  # 正在进行时 mask 是 1，保持不变；
                            done 时为 0

# masks到GPU
masks = masks.to(device)

# done 时，将当前状态设置为全 0
# mask 大小从 torch.Size([16, 1]) → torch.Size([16, 1,
    1 ,1]) 并相乘
current_obs *= masks.unsqueeze(2).unsqueeze(2)

# 堆叠 frame
# torch.Size([16, 1, 84, 84])
obs = torch.from_numpy(obs).float()
current_obs[:, :-1] = current_obs[:, 1:]  # 用 1~3 覆盖 0~2
current_obs[:, -1:] = obs  # 存储第四个 obs

# 现在将 step 的 transition 插入存储对象
rollouts.insert(current_obs, action.data, reward, masks)

# advanced 的 for 循环结束

# 计算由 advanced 的最后一步的状态预期的状态价值
with torch.no_grad():
    next_value = actor_critic.get_value(
        rollouts.observations[-1]).detach()

# 计算所有步骤的折扣奖励和并更新 rollouts 的变量 returns
rollouts.compute_returns(next_value)

# 网络和 rollouts 更新
# global_brain.update(rollouts)
rollouts.after_update()

# 运行循环结束
display_frames_as_gif(frames)  # 保存并播放动画
```

　　当运行播放程序"7_breakout_play.ipynb"时，在进行多次试验后记录得分超过 300 的试验。超过 300 分的结果如图 7.26 所示。动画版本发布在本书支持页面[10] 上。此时程序已经学会了从墙壁的末端消除块，并通过里侧打破了很多块。另外，由于设置了消去屏幕上部的块可获得的奖励更高（屏幕下两行中的块是 1 分，屏幕上两行的块是 7 分），而不将奖励限定在 -1~1 之间，学习效果更好。

然而，在这里的学习结果中，将砖块通过一定方法打破得到 357 分后，它就会落入局部最小解，该解决方案下，一段固定的时间内球在相同的轨迹中来回弹跳。这是因为当前的奖励设计中即使不能打破块得分也不会受到惩罚。我将在后记中解释这类奖励设计在深度强化学习中的难度。

以上是用 A2C 解决消砖块游戏 Breakout 的程序实现和描述。请注意，如果 AWS GPU 实例处于"running"状态时将产生费用，请在使用完毕后立即停止。此外，即使停止了也可能会产生一些费用，所以建议你在不再使用时删除它。

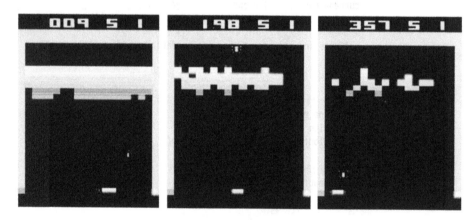

图 7.26　执行 Breakout 的结果

参考文献

[1] 深層強化学習によるブロック崩しの攻略
http://www.youtube.com/watch?v=V1eYniJ0Rnk
[2] OpenAI Gym Breakout-v0

https://gym.openai.com/envs/Breakout-v0/

[3] Atari Breakout

https://www.atari.com/sites/default/files/breakout.pdf

[4] Amazon EC2 料金

https://aws.amazon.com/jp/ec2/pricing/on-demand/

[5] OpenAI Baselines

https://github.com/openai/baselines

[6] Mnih, Volodymyr, et al. "Human-level control through deep reinforcement learning." Nature 518.7540（2015）: 529.

[7] atari_wrappers.py

https://github.com/openai/baselines/blob/master/baselines/common/atari_wrappers.py

[8] https://github.com/ikostrikov/pytorch-a2c-ppo-acktr

[9] これならわかる深層学習入門（著）瀧 雅人 講談社

[10] 本書サポートページ

https://github.com/YutaroOgawa/Deep-Reinforcement-Learning-Book

后　记

深度强化学习是一个还有许多问题需要解决的领域。当你阅读本书并使用深度强化学习进行工作或研究时，请务必阅读以下两篇文献。

按照已发表的论文完全原样实现，却不能很好地再现结果。针对这一问题，"Deep Reinforcement Learning that Matters"[1]进行了验证，分析了难以进行深度强化学习和难以复现论文的因素，包括了超参数、神经网络结构、奖励的缩放/裁剪、随机数种子值和试验变化以及实现方法等，在实现时需要特别注意这些要点。

在"Deep Reinforcement Learning Doesn't Work Yet—Sorta Insightful"[2]中讨论了深度强化学习的实际应用问题。完成深度强化学习任务，面临着很多困难，例如学习需要很长时间，目前对很多任务而言，其他方法在性能上有更好的表现；很难设计奖励，很容易陷入局部解决方案，学习好的网络很难迁移到别的任务上，甚至在成功学习的网络中，每次试验的成功以及可获得的奖励变化非常大等。

深度强化学习的另一个问题是：在存在多个 Agent 的环境下或者能获得有效奖励较少的环境下，学习较困难。

本书只做了一些游戏的策略，未实现能真正商业化的具体示例。然而近年来，人们使用深度强化学习在优化网络广告、文本摘要、聊天机器人、创建金融产品的交易算法等方面进行了各种尝试和努力。

我们希望本书能够帮助那些对深度强化学习感兴趣的人，例如旨在借助深度强化学习改进业务的人或者对深度强化学习领域感兴趣的学生等。

感谢您阅读本书。

参考文献

[1] Deep Reinforcement Learning that Matters　https://arxiv.org/abs/1709.06560
[2] Deep Reinforcement Learning Doesn't Work Yet
　　 https://www.alexirpan.com/2018/02/14/rl-hard.html

推荐阅读

机器学习与深度学习：通过C语言模拟

作者：[日]小高知宏 著 译者：申富饶 于僡 译 ISBN: 978-7-111-59994-4 定价：59.00元

本书以深度学习为关键字讲述机器学习与深度学习的相关知识，对基本理论的讲述通俗易懂，不涉及复杂的数学理论，适用于对机器学习与深度学习感兴趣的初学者。当前机器学习的书籍一般只讲述理论，没有具体的程序实例。有些以实例为主的机器学习书籍则依赖于一些函数库或工具，无法理解其内部算法原理。本书没有使用任何外部函数库或工具，通过C语言程序来实现机器学习和深度学习算法，读者不太理解相关理论时，可以通过C语言程序代码来进行学习。

本书从强化学习、蚁群最优化方法、神经网络、深度学习等出发，分阶段介绍机器学习的各种算法，通过分析C语言程序代码，实际执行C语言程序，使读者能快速进入机器学习和深度学习殿堂。

自然语言处理与深度学习：通过C语言模拟

作者：[日]小高知宏 著 译者：申富饶 于僡 译 ISBN: 978-7-111-58657-9 定价：49.00元

本书初步探索了将深度学习应用于自然语言处理的方法。概述了自然语言处理的一般概念，通过具体实例说明了如何提取自然语言文本的特征以及如何考虑上下文关系来生成文本。书中自然语言文本的特征提取是通过卷积神经网络来实现的，而根据上下文关系来生成文本则利用了循环神经网络。这两个网络是深度学习领域中常用的基础技术。

本书通过实现C语言程序来具体讲解自然语言处理与深度学习的相关技术。本书给出的程序都能在普通个人电脑上执行。通过实际执行这些C语言程序，确认其运行过程，并根据需要对程序进行修改，能够更深刻地理解自然语言处理与深度学习技术。